本书获中国产业用纺织品行业协会、纤维材料改性国家重点实验室、产业用纺织品教育部工程研究中心项目资助

战疫之盾

主编：靳向煜 赵 奕 吴海波 黄 晨

参编：张 星 刘金鑫 陈 鑫 刘嘉炜 王 洪 王荣武
　　　刘 力 刘 颖 许晓芸 徐 欢 张 楠 倪瑞燕
　　　王一行 胡 永 沈嘉俊 鲁谦之

带您走进个人防护非织造材料

东华大学 出版社·上海

图书在版编目（CIP）数据

战疫之盾：带您走进个人防护非织造材料 / 靳向煜
等主编. -- 上海：东华大学出版社，2020.4
ISBN 978-7-5669-1730-0

Ⅰ.①战… Ⅱ.①靳… Ⅲ.①卫生防疫—非织造织物
—基本知识 Ⅳ.①TS941.731

中国版本图书馆 CIP 数据核字（2020）第 061067 号

责任编辑：杜亚玲
封面设计：Callen

战疫之盾：带您走进个人防护非织造材料

ZHAN YI ZHI DUN : DAI NIN ZOU JIN GEREN FANGHU FEIZHIZAO CAILIAO

主　　编：靳向煜　赵　奕　吴海波　黄　晨
出　　版：东华大学出版社（上海市延安西路 1882 号，200051）
网　　址：http://dhupress.dhu.edu.cn
天猫旗舰店：http://dhdx.tmall.com
营销中心：021-62193056　62373056　62379558
印　　刷：上海雅昌艺术印刷有限公司
开　　本：710 mm × 1000 mm　1/16　印张：16.5
字　　数：300 千字
版　　次：2020 年 4 月第 1 版
印　　次：2020 年 5 月第 2 次
书　　号：ISBN 978-7-5669-1730-0
定　　价：68.00 元

内 容 简 介

本书由东华大学非织造材料与工程团队编写，旨在为医护人员、公安干警、社区防疫人员和广大民众在新型冠状病毒肺炎疫情防控期间更好地认识个人防护口罩、防护服的结构及性能，正确使用这类个人防护用品提供科学指导。

本书系统地介绍了个人防护口罩与防护服装的核心材料，介绍了熔喷、纺黏、热风、水刺、针刺、复合等相关非织造工艺技术，归纳了个人防护产品的防护原理、性能要求、检测方法和国内外相关标准知识。个人防护产品涉及防护口罩、医用口罩、民用卫生口罩、儿童口罩、医用防护服、隔离服、手术衣以及卫生擦拭湿巾等。

全书分为传染性疾病，非织造材料及产品，非织造成人防护用品（成人口罩），非织造儿童防护用品（儿童口罩），非织造个人身体防护用品（身体防护服），非织造个人消毒用品（个人消毒材料），非织造个人防护用品的灭菌方式， 个人防护用品性能检测等章节。本书在详细梳理了产品的类型，参考标准，各类文献的基础上编写，内容贴近工程技术，贴近实际应用，可供医护人员，抗疫人员，普通民众及非织造工程技术人员参考使用。

序

2020年初，新型冠状病毒（SARS-CoV-2）来袭，新型冠状病毒肺炎（COVID-19）疫情暴发。党中央、国务院高度重视。中共中央总书记、国家主席、中央军委主席习近平作出重要指示：各级党委和政府及有关部门要把人民群众生命安全和身体健康放在第一位，制定周密方案，组织各方力量开展防控，采取切实有效措施，坚决遏制疫情蔓延势头；要全力救治患者，尽快查明病毒感染和传播原因，加强病例监测，规范处置流程；要加强舆论引导，加强有关政策措施宣传解读工作，坚决维护社会大局稳定。

新型冠状病毒肺炎是一种呼吸道传染性疾病，以飞沫传播和接触传播为主，其病原体是之前未被发现的一种"新型冠状病毒"。新型冠状病毒肺炎疫情发展速度快、传播范围广，对全球公共卫生和经济已造成重大威胁。

针对这一空气传染性病毒，由于短期内难以研制出针对性疫苗和药物，各种个人防护用品、消毒产品需求急增。成人个人防护口罩、医用口罩、儿童防护口罩有效的过滤、阻隔作用可达到滤阻有害的颗粒物进出佩戴者口鼻的目的；防护服、隔离服、手术衣使得医护和防疫人员在接触传染病患者时可以隔绝病人的体液以及空气中的病毒和细菌的传染；消毒湿巾对手、皮肤或物体表面具有清洁消毒作用，从而保障民众个人健康。这些非织造个人防护材料，作为民众和前线医护防疫人员防护病毒感染的主要用具，为人们构筑了一道抗击疫情的坚实防线，在这场抗击疫情的战役中发挥了极其关键的作用。

本书从传染性疾病、非织造材料及产品、成人口罩非织造材料、儿童口罩非织造材料、躯体防护服装用非织造材料、个人消毒用非织造材料、非织造个人防护材料灭菌方式、非织造个人防护材料性能检测八个方面对个人防护类非织造材料在抗击新型冠状病毒肺炎疫情中的重要作用以及各类医用、民用个人防护用品中的非织造材料进行系统介绍；对国内外常见医用、民用个人防护用材料进行了分类分析，详细介绍了面部防护、躯体防护、消毒防护用非织造个人防护产品的原料组成，成型结构，防护原理，功能用途，制备工艺，测试指标，穿戴及使用方法等；从常见的非织造材料的医用、民用个人防护用品特性出发，增进医疗机构和公众对个人防护用品及材料性能的认识和理解，指导公众做好个人防护。内容贴近工程技术，贴近实际应用。同时，分析并展望了未来非织造个人防护用品的发展前景和广泛应用领域，为广大民众有效地选择并使用个人防护用品、科学防疫抗疫提供指导。

东华大学校长

俞建勇院士

2020 年 3 月 20 日

目 录

目　录

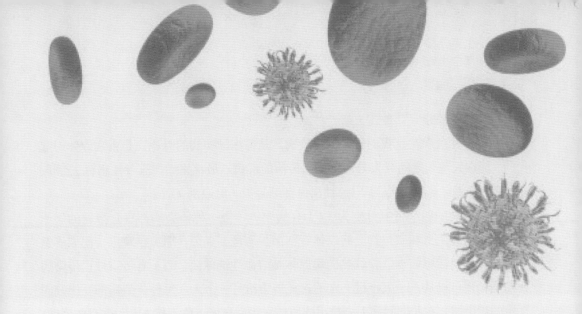

第一章　传染性疾病

　　传染病的大流行是人类的灾难，每次出现都会造成不同程度的生命与财产损失。在没有研制出疫苗的情况下，对传染病进行预防的最有效可行的措施就是切断传播途径。非织造材料是由单纤维/长丝通过非织造加工工艺制备而成的纤维集合体，具有蓬松多孔结构，具有较好的过滤、防护性能，可用于制作医用、民用防护用品。人们通过科学认识、正确使用非织造个人防护用品，结合对传染疾病的科普认知，可以更好地做好个人防护措施，预防传染病的感染。此次新型冠状病毒肺炎在全球范围内传播，全球各个国家与地区受到不同程度的影响，对全球公共卫生和经济已造成重大威胁。本章将科普性地介绍传染性疾病的定义、流行方式与预防措施，并重点介绍本次新型冠状病毒肺炎（简称"新冠肺炎"）相关知识，加深读者对传染性疾病的认知。

1.1 传染性疾病的定义

传染性疾病就是我们常说的传染病，是许多种疾病的总称，是由病原体引起的，能在人与人之间或人与动物之间传播的疾病。最常见的如流行性感冒、乙肝、细菌性痢疾、流脑、结核病、急性出血性结膜炎（红眼病）等。

传染病的四个特点分别为（1）有病原体：每一种传染病都有它特异的病原体，包括寄生虫和微生物。病原体有细菌、病毒、真菌、原虫、蠕虫，比如流感的病原体是流感病毒、猩红热的病原体是溶血性链球菌。（2）有传染性：传染病的病原体可以从一个人经过一定的途径传染给另一个人。每种传染病都有比较固定的传染期，在此期间病人会排出病原体，污染环境，传染他人。（3）有免疫性：大多数患者在疾病痊愈后，都会产生不同的免疫力。（4）可以预防：传染病在人群中流行，必须同时具备传染源、传播途径、易感人群三个基本环节，缺少其中的任何一个环节，传染病就流行不起来。通过控制这三个环节，可以预防传染病的发生和流行。

1.2 传染性疾病的分类

现行《中华人民共和国传染病防治法》规定的传染病分为甲类、乙类和丙类。具体如表 1.1 所示。国务院卫生行政部门根据传染病暴发、流行情况和危害程度，可以决定增加、减少或者调整乙类、丙类传染病病种并予以公布。

表 1.1 　《中华人民共和国传染病防治法》规定的传染病分类

分 类	传染病
甲类传染病	鼠疫、霍乱
乙类传染病	传染性非典型肺炎、艾滋病、病毒性肝炎、脊髓灰质炎、人感染高致病性禽流感、麻疹、流行性出血热、狂犬病、流行性乙型脑炎、登革热、炭疽、细菌性和阿米巴性痢疾、肺结核、伤寒和副伤寒、流行性脑脊髓膜炎、百日咳、白喉、破伤风、猩红热、布鲁氏菌病、淋病、梅毒、钩端螺旋体病、血吸虫病、疟疾
丙类传染病	流行性感冒、流行性腮腺炎、风疹、急性出血性结膜炎、麻风病、流行性和地方性斑疹伤寒、黑热病、包虫病、丝虫病，除霍乱、细菌性和阿米巴性痢疾、伤寒和副伤寒以外的感染性腹泻病

常见传染病包括呼吸道传染病、消化道传染病、血液和性传染病、体表传染病等（表 1.2）。

表 1.2　部分传染病类型及举例

类型	传染病名称	传播途径
呼吸道传染病	严重急性呼吸综合征（SARS）、中东呼吸综合征（MERS）、新型冠状病毒肺炎、流行性感冒、肺结核、腮腺炎、麻疹、百日咳等	飞沫、接触、空气（微细颗粒、气溶胶）
消化道传染病	蛔虫病、蛲虫病、细菌性痢疾、甲型肝炎等	饮水、食物
血液和性传染病	艾滋病、乙型肝炎、疟疾、流行性乙型脑炎、丝虫病等	血液（注射器、吸血昆虫等）、性、母婴
体表传染病	血吸虫病、沙眼、狂犬病、破伤风、淋病等	接触

1.3 传染性疾病的流行

传染病在人群中流行时，从病原体到患者要经过三个基本环节：传染源、传播途径、易感人群。传染源指能够散播病原体的人或动物（可以是患者也可以是病毒携带者），如图 1.1 所示。传播途径是指病原体离开传染源到达健康人所经过的途径，可为空气传播、饮食传播、生物媒介传播等。易感人群是指对某种传染病缺少免疫力而容易被感染该病的人群。

图 1.1　传染源举例（从左至右：家禽、老鼠、患者）
（图片来源：互联网）

不同传染病的传染源、传播途径、易感人群不尽相同。比如流行性感冒（简称"流感"）的传染源是流感患者，通过空气、飞沫传播，易感人群是抵抗能力弱的人。甲型肝炎的传染源是甲型肝炎患者或甲型肝炎病毒携带者，通过饮食传播，易感人群是与传染源饮食接触而无抗体的人。艾滋病的传染源是艾滋病患者或病毒携带者，通过体液传播，易感人群是直接或间接接触传染源体液的人。

此次，新型冠状病毒肺炎的传染源主要是新型冠状病毒的感染者，无症状感染者也可成为传染源，人群普遍易感。关于病毒的传播途径通常有以下几种：一是飞沫传播，即通过咳嗽、打喷嚏、说话等产生的飞沫进入易感黏膜表面造成感染；二是接触传播，是人在接触感染者接触过的物品后触碰自己的嘴、鼻子或眼睛导致的病毒传播；三是空气传播，病原体在长时间远距离散播后仍具有传染性。然而，最新病例研究提示，病原体也有可能通过消化道途径传播。对于防止新型冠状病毒感染，这几种途径的隔离防护措施都要做好。

1.4 新型冠状病毒肺炎

新型冠状病毒肺炎（Corona Virus Disease 2019，COVID-19），简称"新冠肺炎"，是指由 2019 新型冠状病毒感染导致的肺炎。新型冠状病毒肺炎是一种传染性疾病，从 2020 年 1 月 29 日起，将每 15 天作为一个统计周期，根据世界卫生组织统计数据得到国内外 COVID—2019 确诊与死亡人数以及发现病例国家与地区数如表 1.3 所示。从 2020 年 1 月 29 日起到 2 月 13 日，第一个统计周期 15 天内我国确诊病例由 5 997 例增长至 46 550 例，增加了 40 553 例，增长了 6.76 倍，呈爆发式增长；第二个统计周期，我国确诊病例数增加了 32 411 例，增长确诊病例数略微下降，增长率为 69.62%；紧接着的截止到本书出版前 2020 年 4 月 13 日第三、四、五个统计周期内，我国确诊人数分别增加了 2 060、1 320、1 256 人，增长率从 2.61%、1.63% 下降至 1.53%，增长趋势明显降低。然而全球确诊病例增长数持续增加，从 2020 年 1 月 29 日到 4 月 13 日，全球确诊人数从 6 065 一直增长到 1 773 084，五个统计周期增加确诊病例分别为 40 932 例、36 655 例、58 882 例、492 279 例、1 138 271 例，每个周期的病例增长量越来越大。截至 2020 年 4 月 13 日，新型冠状病毒肺炎疫情已经波及 211 个国家和地区，全球累计确诊人数已超过 177 万例、累计死亡病例已超过 11 万例。该疾病对全球公共卫生和经济已造成重大威胁，引起了全球关注。

表 1.3　国内外 COVID—2019 疫情数据（数据来源：世界卫生组织、人民日报）

时间 （年.月.日）	国内确诊 人数	国内死亡 人数	全球确诊 人数	全球死亡 人数	全球发现 病例国家数
2020.1.29	5 997	132	6 065	132	16
2020.2.13	46 550	1 368	46 997	1 369	25

（续表）

时间 （年.月.日）	国内确诊 人数	国内死亡 人数	全球确诊 人数	全球死亡 人数	全球发现 病例国家数
2020.2.28	78 961	2 791	83 652	2 858	52
2020.3.14	81 021	3 194	142 534	5 392	135
2020.3.29	82 341	3 306	634 813	29 891	200
2020.4.13	83 597	3 351	1 773 084	111 652	211

1.4.1 新型冠状病毒肺炎病原体

新型冠状病毒肺炎（COVID-19）的病原体为新型冠状病毒（SARS-CoV-2），是一种人类感染致病性高的 β 冠状病毒，是 SARS 冠状病毒的姊妹病毒。

病毒个体微小，没有细胞结构，一般由蛋白质外壳和内部遗传物质构成，是一种必须在活细胞内寄生并以复制方式增殖的非细胞型生物。20 世纪 30 年代，电子显微镜的发明将观察物体的放大倍数提高到几十万倍，使得科学家首次观察到杆状颗粒的烟草花叶病毒。病毒由一个核酸长链和蛋白质外壳构成，没有自己的代谢机构，没有酶系统。因此，虽然分布在陆地、海洋、天空，在各种动植物乃至动植物体内甚至细菌的体内都能找到，但是病毒离开了宿主细胞，就成了没有任何生命活动、也不能独立自我繁殖的化学物质。病毒一般通过接触、空气、水、伤口、血液和蚊虫叮咬等途径进行传播。

病毒形态多样，有椭圆形、球形、杆状、线形或长方形，也有的外形很复杂。冠状病毒是一种 RNA 病毒，广泛分布于人类和其他哺乳动物中，因其形态在电子显微镜下类似王冠而得名。冠状病毒包含四个属，分别为 α 冠状病毒、β 冠状病毒、δ 冠状病毒和 γ 冠状病毒。这些病毒具有很高的突变率和基因重组率，可以跨越物种障碍成为感染人类的病原体。在发现新型冠状病毒前，已知会感染人的冠状病毒有六种，分别为 HCoV-229E、HCoV-OC43、SARS-CoV、HCoV-NL63、HCoV-HKU1 和 MERS-CoV。人类感染其中四种冠状病毒的症状较轻，一般引起类似普通感冒的轻微呼吸道症状。另外两种冠状病毒被认为是高致病性的，分别是 2002—2003 年出现的导致 8 000 多人感染和近 800 人死亡的重症急性呼吸综合征冠状病毒（SARS-CoV）和自 2012 年以来在阿拉伯半岛持续流行的中东呼吸综合征冠状病毒（MERS-CoV）。

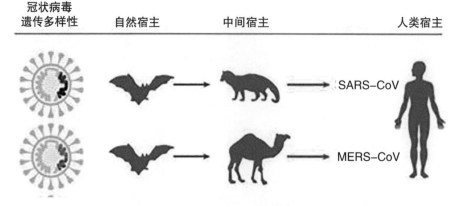

图 1.2　SARS–CoV 与 MERS–CoV 的传播方式（源自互联网）

　　新型冠状病毒属于 β 冠状病毒，有包膜，颗粒呈圆形或椭圆形，常为多边形，直径在 60~140 nm，其形态见图 1.3。其基因特征与 SARS–CoV 和 MERS–CoV 有明显区别。

（a）冠状病毒形态　　　　　　　（b）新型冠状病毒形态

（c）细胞表面的新型冠状病毒形态　　　（d）流感病毒形态

图 1.3　冠状病毒形态图

（图片来源：www.CDC.gov、www.the–scientist.com、http://amp.cnn.com、NIAID–RML）

1.4.2 新型冠状病毒肺炎的流行

新型冠状病毒肺炎目前所见传染源主要是新型冠状病毒感染的患者。无症状感染者也可能成为传染源。人群普遍易感。最初认为主要的传播途径是经呼吸道飞沫和密切接触传播，后来发现在相对封闭的环境中长时间暴露于高浓度气溶胶情况下存在经气溶胶传播的可能。气溶胶是指悬浮在气体中所有固体和液体的颗粒。气溶胶（Aerosol）传播是指飞沫混合在空气中形成气溶胶，飘浮至远处，造成远距离传播。由于在粪便及尿中可分离到新型冠状病毒，应注意粪便及尿对环境污染造成的气溶胶或接触传播。

来自美国国家卫生研究院（NIH）、美国疾病预防控制中心（CDC）、加州大学洛杉矶分校和普林斯顿大学的研究人员发现 SARS-CoV-2 可在气溶胶中和物体表面上保持稳定数小时至数天的时间。研究发现在气溶胶中长达 3 h 内可检测到 SARS-CoV-2，在铜表面上长达 4 h 内可检测到，在纸板表面上长达 24 h 内可检测到 SARS-CoV-2，在塑料和不锈钢表面上长达 2~3 d 的时间内可检测到 SARS-CoV-2。这些结果提供了有关 SARS-CoV-2 稳定性的关键信息，并提示人们通过气溶胶和接触被污染的物体可以感染这种病毒。相关研究结果于 2020 年 3 月 17 日发表在新英格兰医学杂志（NEJM）上，论文标题为 Aerosol and Surface Stability of SARS-CoV-2 as Compared with SARS-CoV-1。

这些研究人员比较了环境如何影响 SARS-CoV-2 和导致严重急性呼吸综合征（SARS）的 SARS-CoV-1。2002-2003 年期间，SARS-CoV-1 肆虐，感染了 8000 多人。通过采取深入的接触者追踪和病例隔离措施，SARS-CoV-1 被根除了，自 2004 年以来，没有报道过 SARS-CoV-1 感染病例。SARS-CoV-1 是与 SARS-CoV-2 亲缘关系最密切的人类感染冠状病毒。在对其的关稳定性的研究中，研究者通过模拟感染者咳嗽、打喷嚏，先将病毒颗粒雾化，再让病毒颗粒在环境中停留一段时间后，测量 SARS 冠状病毒和新冠病毒雾化后的活性。对比后发现，活的新冠病毒可在雾化后的气溶胶中存活 3 h，病毒活性的范围与 SARS 冠状病毒类似。通过病毒衰减率分布，研究人员还发现，新冠病毒和 SARS 冠状病毒在气溶胶中表现出相似的半衰期。不幸的是，这未能解释为何 COVID-19 已暴发为更大范围的流行病。

在测试的实验环境下，新冠病毒的稳定性与 SARS 病毒的稳定性相似，这说明新冠病毒与 SARS 病毒相比并不具有更强的环境生存力。因此，迄今为止观察到的新冠病毒与 SARS 病毒的流行病学特征差异，包括上呼吸道的高病毒载量，以及感染新冠病毒的人在无症状的情况下散发和传播病毒的可能性，不太可能是由于其环境生存力引起的。此前 SARS 暴发有一个显著特征：超级传播事件（Superspreading events）的发生，在这样的事件中，单个病例感染大量继发病例，基本传染数（R0）较大的这类暴发会使医院和公共卫生能力不堪重负。SARS 病毒的主要传播途径是医院内传播，在医疗机构的各种表面和物体上都检测到了 SARS 冠状病毒。在新冠病毒的传播中，也已经有一些关于"超级传播事件"假设的报道，当前新冠病毒的传播也在很多医院内发生，据报道有超过 3 000 的例院内感染病例。这些案例凸显了现有医疗环境中对于新冠病毒进入和传播防范的脆弱性。此外，与 SARS 病毒相比，大多数新冠病毒的二次传播还在医疗机构以外的很多地方进行，例如在社区、家庭、工作场所和团体聚会中普遍传播。有许多别的潜在因素可以解释新冠病毒更强的传播能力，例如，早期迹象表明，感染新冠病毒的个体在还没有症状时就可能会传播病毒。因此与 SARS 病毒相比，这一特点降低了隔离、接触者追踪等控制措施的功效。

其他可能使新冠病毒传播能力更强的因素包括：感染所需的病毒量、病患黏液中病毒的稳定性，以及温度和相对湿度等环境因素。研究人员正在进行新的实验，研究新冠病毒在不同基质（如鼻分泌物、痰和粪便）中，以及在变化的环境条件（如温度和相对湿度）下的生存能力。

1.4.3 新型冠状病毒肺炎的诊断

2020 年 3 月 4 日，国家卫生健康委员会与国家中医药管理局发布了《新型冠状病毒肺炎诊疗方案 (试行第七版)》，介绍了新冠肺炎的诊断标准分为"疑似病例"和"确诊病例"两类。疑似病例判定分两种情形。一是有流行病学史中的任何一条，且符合临床表现中任意 2 条的；二是无明确流行病学史的，且符合临床表现中的 3 条的。流行病学史包括：发病前 14 天内有武汉市及周边地区或其他有病例报告社区的旅行史或居住史；发病前 14 天内与新型冠状病感染者（核酸检测阳性）有接触史；发病前 14 天内曾接触过来自武汉及周边地区，或其他有病例报告社区的发热伴有呼吸道症状的患者；聚集性发病（两周内在小范围，如家庭、办公室、学校班级等场所，出现两例及以上发热和 / 或呼吸道症状的病例）。临床表现包括：发热和 / 或呼吸道症状；具有新型冠状病毒肺炎影像学特征；发病早期白细胞总数正常或降低，淋巴细胞计数正常或减少。确诊病例为疑似病例同时具备以下病原学或血清学证据之一者：①实时荧光 RT-PCR 检测新型冠状病毒核酸阳性；②病毒基因测序与已知的新型冠状病毒高度同源；③血清新型冠状病毒特异性 IgM 抗体和 IgG 抗体阳性；血清新型冠状病毒特异性 IgG 抗体由阴性转为阳性或恢复期较急性期 4 倍及以上升高。

新冠肺炎人群普遍易感。基于流行病学调查，新冠肺炎潜伏期 1~14d，多为 3~7d。患者的临床表现为：以发热、乏力、干咳为主要表现。少数患者伴有鼻塞、流涕、咽痛、肌痛和腹泻等症状。重症患者多在发病一周后出现呼吸困难和或低氧血症，严重者可快速发展为急性呼吸窘迫综合征、脓毒症休克、难以纠正的代谢性酸中毒和出现凝血功能障碍及多器官功能衰竭等。值得注意的是，重症、危重症患者病程中可为中低热，甚至无明显发热。部分儿童及新生儿病例症状可不典型，表现为呕吐、腹泻等消化道症状或仅表现为精神弱、呼吸急促。轻型患者仅表现为低热、轻微乏力等，无肺炎表现。从目前收治病例情况看，多数患者愈后身体情况良好，少数患者病情危重，甚至死亡。

2020 年 2 月 19 日，国家卫健委通报出院标准：体温恢复正常 3d 以上，呼吸道症状明显好转，肺部 CT 也正常，两次核酸检测都呈阴性，才能出院。患者出院后，因恢复期机体免疫功能低下，有感染其他病原体风险，建议应继续进行 14 天自我健康状况监测，佩戴口罩，有条件的居住在通风良好的单人房间，减少与家人的近距离密切接触，分餐饮食，做好手部卫生，避免外出活动。建议在出院后第 2 周、第 4 周到医院随访、复诊。

1.5 新型冠状病毒肺炎的个人防护措施

传染病在人群中流行时，从传染的三个基本环节出发，传染病的预防可通过控制传染源、切断传播途径、保护易感人群三方面展开。对待传染性疾病，民众应相信科学，预防为先，做到早发现、早报告、早隔离、早治疗；讲究个人卫生，健康生活，做到勤洗手；增强体质，抵御疾病。针对此次新冠肺炎，在没有研制出疫苗的情况下，最有效可行的预防措施就是切断传播途径，做好个人防护措施，正确合理使用个人防护用品，可有效避免感染，保护自己和他人的健康。

1.5.1 普通民众的个人防护措施

广大群众未处抗疫一线，切勿去人群聚集处、养成良好的卫生习惯、保持规律健康的生活，这是预防传染病的关键。具体预防手段：

① 保持所处环境空气流通。尽量避免到封闭、空气不流通的公众场合和人员密集地方，室内要每天通风、保持空气流动。定时打开门窗自然通风，可有效降低室内空气中微生物的数量，改善室内空气质量，调节居室微小气候，这是最简单、行之有效的室内空气消毒方法。循环的中央空调要关闭，回风系统关掉，采用正压供风系统。

② 公共场合做好个人防护。因被新冠病毒感染后大多表现为呼吸道症状，因此应避免与任何有感冒或类似流感症状的人密切接触。出门需正确佩戴口罩。打喷嚏要用手绢或者纸巾捂住口鼻，不随地吐痰。打喷嚏、咳嗽和清洁鼻子应用卫生纸掩盖，用过的卫生纸不要随处乱扔。在公共场所，不要随意用手触摸眼睛、鼻子或嘴巴。若有发热和其他呼吸道感染症状，特别是持续发热不退时，要及时到医疗机构就诊。

③ 保持工作生活场所清洁与个人良好卫生习惯。室内表面每天做好清洁，并定期消毒。在咳嗽或打喷嚏后，照护病人期间，制备食品之前、期间和之后，饭前，便后，手脏时，以及处理动物或动物排泄物后应及时洗手。可用肥皂和流水或含酒精的洗手液清洁双手。电梯、门把手等生活场所需经常消毒。

④ 加强锻炼，增强免疫力。应积极参加体育锻炼，多到人群密度低的郊外、户外呼吸新鲜空气，每天锻炼能使身体气血畅通，筋骨舒展，体质增强。在锻炼的时候，必须注意气候变化，要避开晨雾风沙，合理安排运动量，进行自我监护身体状况等，以免对身体造成不利影响。保持充分的睡眠，对提高自身的抵抗力相当重要。合理安排好作息，每天的睡眠时间不应少于 8 h。做到生活有规律，劳逸结合。无论学习或其他活动，若使身体劳累过度，必然导致抵御疾病的能力下降，容易受到病毒感染。

⑤ 养成良好的饮食与生活习惯。合理安排好饮食，不宜太过辛辣，也不宜过于油腻。要减少对呼吸道的刺激，如少吸烟、少喝酒，多饮水，摄入足够的维生素，宜多食些富含优质蛋白、糖类及微量元素的食物，如瘦肉、禽蛋、大枣、蜂蜜、新鲜蔬菜和水果等。此外，生鲜、禽类、肉类、蛋类要彻底烧熟煮透，使用器皿储存食物时要避免生熟食物相互接触，处理生食和熟食的刀具、砧板要分

开，避免交叉污染。

⑥ 避免接触／食用野生动物。在目前新型冠状病毒中间宿主不明确的情况下，要避免在未加防护的情况下接触野生或养殖动物，不要吃野生动物。

1.5.2 医护人员的个人防护措施

在传染病暴发流行期间，常见的传染病现在一般都有疫苗，进行计划性人工自动免疫是预防各类传染病发生的主要环节，预防性疫苗是阻击传染病发生的最佳积极手段。随着新型冠状病毒肺炎确诊人数不断增加，医护人员与民众对疾病的预防问题极其关注。在尚未有效疫苗的情况下，做好个人防护是最切实可行的办法。防护口罩过滤吸入空气，以阻挡（吸附）飞沫、有害气体、异味、病菌、粉尘等进入肺部；防护服、护目镜则可以阻隔细微颗粒与眼部、身体的接触。医护人员身在抗疫一线，科学使用防护产品，对于新型冠状病毒肺炎、流感等呼吸道传染病具有预防作用，既保护了自己，又有益于病患健康。在资源紧缺情况下，需要科学地使用医用个人防护用品，在做好防护的前提下，合理地减少过度防护。

为指导合理使用医用防护用品，做好对新冠肺炎防控中的个人防护工作，国家卫生健康委办公厅于 2020 年 2 月 21 日发布了《新冠肺炎疫情期间医务人员防护技术指南（试行）》，在 3 月 18 日发布了《公众科学戴口罩指引》等重要文件。个人防护装备（PPE）是用于保护医务人员避免接触感染性因子的各种屏障，包括口罩、手套、护目镜、防护面屏／防护面罩、防水围裙、隔离衣、防护服等。医用防护用品的使用范围归纳如下：

① 医用外科口罩：预检分诊、发热门诊及全院诊疗区域应当使用，需正确佩戴。污染或潮湿时随时更换。

② 医用防护口罩（N95）：医院的发热门诊、隔离留观病区（房）、隔离病区（房）和隔离重症监护病区（房）等区域，以及进行采集呼吸道标本、气管插管、气管切开、无创通气、吸痰等可能产生气溶胶的操作时使用。一般 4 h 更换，污染或潮湿时随时更换。

③ 乳胶检查手套：在预检分诊、发热门诊、隔离留观病区（房）、隔离病区（房）和隔离重症监护病区（房）等区域使用，但需正确穿戴和脱摘，注意及时更换手套。禁止戴手套离开诊疗区域。戴手套不能取代手卫生。

④ 速干手消毒剂：医务人员诊疗操作过程中，手部未见明显污染物时使用，全院均应当使用。预检分诊、发热门诊、隔离留观病区（房）、隔离病区（房）和隔离重症监护病区（房）必须配备使用。

⑤ 护目镜：医院的隔离留观病区（房）、隔离病区（房）和隔离重症监护病区（房）等区域，以及采集呼吸道标本、气管插管、气管切开、无创通气、吸痰等可能出现血液、体液和分泌物等喷溅操作时使用。禁止戴着护目镜离开上述区域。如护目镜为可重复使用的，应当消毒后再使用。

⑥ 防护面屏/防护面罩：诊疗操作中可能发生血液、体液和分泌物等喷溅时使用。如为可重复使用的，应当消毒后再使用；如为一次性使用的，不得重复使用。护目镜和防护面罩/防护面屏不需要同时使用。禁止戴着防护面屏/防护面罩离开诊疗区域。

⑦ 隔离服：预检分诊、发热门诊使用普通隔离服，隔离留观病区（房）、隔离病区（房）和隔离重症监护病区（房）使用防渗一次性隔离服，其他科室或区域根据是否接触患者确定要否使用。一次性隔离衣不得重复使用。如使用可复用的隔离服，按规定消毒后方可再用。禁止穿着隔离服离开上述区域。

⑧ 防护服：医院的隔离留观病区（房）、隔离病区（房）和隔离重症监护病区（房）使用。防护服不得重复使用。禁止穿着防护服离开上述区域。其他区域和在其他区域的诊疗操作原则上不使用防护服。长时间穿着时，可以用正压防护服，以避免出现雾气，给医护工作带来不便。

其他人员如物业保洁人员、保安人员等需进入相关区域时，按相关区域的防护要求使用防护用品，并正确穿戴和脱摘。

参考文献

［1］杨绍基.传染病学［M］.北京：人民卫生出版社，2008.

［2］郑耀通.环境病毒学［M］.北京：化学工业出版社，2006.

［3］朱锋.新冠病毒，人类共同的敌人［N］.环球时报，2020-01-31（007）.

［4］徐金来.流行传染病的预防和控制途径的研究［J］.世界最新医学信息文摘，2019，19（98）：183+186.

［5］吕凤美.传染性疾病的预防及控制的有效对策深析［J］.世界最新医学信息文摘，2019，19（67）：366+368.

［6］van Doremalen, Neeltje, Bushmaker, Trenton Morris, et al. Aerosol and Surface Stability of SARS-CoV-2 as Compared with SARS-CoV-1［J/OL］. New England Journal of Medicine.［2020-03-17］. https：//www.nejm.org/doi/full/10.1056/NEJMc2004973.

［7］闵瑞，刘洁，代喆，等．新型冠状病毒肺炎发病机制及临床研究进展［J］. 中华医院感染学杂志，2020，30（8）：1136-1141.

［8］刘卫平，焦月英，郭天慧，等．不同人群新型冠状病毒肺炎防控措施建议［J］. 中国消毒学杂志，2020，37（3）：222-225.

［9］World Health Organization. Coronavirus disease (COVID-2019) situation reports［EB/OL］.［2020-04-14］.https://www.who.int/emergencies/diseases/novel-coronavirus-2019/situation-reports.

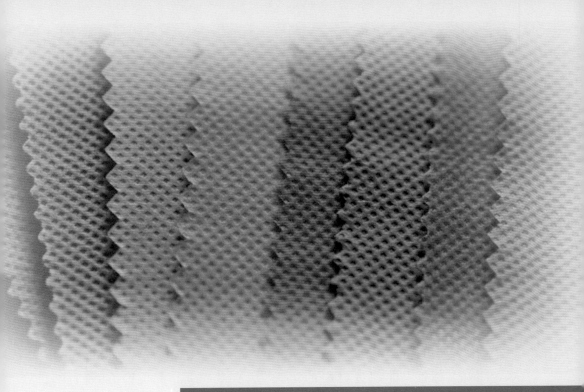

第二章　非织造材料及产品

　　医用外科口罩、医用防护口罩、民用卫生口罩、日常防尘口罩、儿童口罩、防护面罩、医用防护服、隔离服、手术衣、即用型消毒湿巾等个人防护用品作为大众和前线医护人员防护病毒的主要用具，在历次抗击疫情的战役中发挥了关键作用。这些防护用品的主体材料都为非织造材料。非织造材料是指定向或随机排列的纤维通过摩擦、抱合或黏合或者这些方法的组合而相互结合制成的纤维集合体，与传统纺织品相比，其具备生产流程短、生产成本低、纤维排列无序、结构蓬松多孔，过滤性能好等优点。本章着眼于医疗领域过滤及空气过滤的相关非织造材料与产品，除对非织造材料的起源、发展、现状进行了大概介绍外，重点对应用在防护用品方面的非织造材料和产品的种类、加工与制备等方面进行详细介绍。

2.1 非织造材料的定义

非织造材料（Nonwovens）又称非织造布、非织布、非织造织物、无纺织物或无纺布。根据国家标准 GB/T 5709—1997，非织造材料俗称无纺布，是指定向或随机排列的纤维通过摩擦、抱合或黏合或者这些方法的组合而相互结合制成的片状物、纤网或絮垫（不包括纸、机织物、簇绒织物、带有缝编纱线的缝编织物及湿法缩绒的毡制品）。所用纤维可以是天然纤维或化学纤维，可以是短纤维、长丝或当场形成的纤维状物。为了区别湿法非织造材料和纸，还规定了在其纤维成分中长径比大于 300 的纤维占全部质量的 50% 以上，或长径比大于 300 的纤维虽只占全部质量的 30% 以上，但其密度小于 0.4g/cm^3 的属于非织造材料，反之为纸。

根据欧洲用即弃非织造协会 EDANA（The European Disposables and Nonwovens Association）标准，非织造材料的定义为：A manufactured sheet, web or batt of directionally or randomly orientated fibres, bonded by friction, and/or cohesion and/or adhesion, but goes on to exclude a number of materials from the definition, including paper, products which are woven, knitted,tufted or stitchbonded（incorporating binding yarns or filaments）, or felted by wet–milling, whether or not additionally needled.

2.2 非织造材料的发展

非织造技术是一门源于纺织，但又超越纺织的材料加工技术，结合了纺织、造纸、皮革和塑料四大柔性材料加工技术，并充分结合和运用了诸多现代智能化高新技术。

2.2.1 非织造材料的起源

非织造材料的起源可追溯到中国古代。古代游牧民族将动物毛发加水、尿或乳精等通过脚踩、棒打等机械作用，来制作毛毡。今天的针刺法非织造材料是毡制品的延伸和发展。据《文献通考》记载，中国宋代有"发蚕蔟，有茧联属自成被"的实践活动，利用"万蚕同结"制成过长 8 m、宽 1.3 m 的平板茧。从原理上讲，这种平板茧类似于今天的纺丝成网法非织造材料。1942 年，美国某公司生产了几千码化学黏合的纤维材料，命名为"Nonwoven Fabrics"。

2.2.2 非织造材料的发展历史

从工艺技术方面，由于传统纺织工艺与设备不断复杂化，生产成本不断上升，很多传统纺织品对最终应用场合的针对性差，使得人们开始寻找新的生产技术。从原料方面，纺织工业下脚料越来越多，需要利用与加工。化纤工业的迅速发展为非织造技术的发展提供了丰富的原料，拓宽了产品开发的可能性。

世界非织造材料工业的发展概况可以分为以下四个阶段：

第一阶段：20 世纪 40 年代初—50 年代中，萌芽期。设备大多利用现成的纺织设备，或适当进行一些改造，使用天然纤维。

第二阶段：20 世纪 50 年代末—60 年代末，商业化生产。主要采用干法技术和湿法技术，大量使用化学纤维。

第三阶段：20 世纪 70 年代初—80 年代末，重要发展时期。聚合法、挤压法成套生产线诞生。各种特种非织造专用纤维化纤，如低熔点纤维、热黏接纤维、双组分纤维、超细纤维等的迅速发展，快速推动了非织造材料工业的进步。

第四阶段：20 世纪 90 年代初至今，全球发展期。非织造企业通过技术创新、产品结构优化、装备智能化、市场品牌化等，使得非织造技术更加先进，设备更加精良，非织造材料及产品性能显著提升，生产能力和产品系列不断扩大，新产品、新技术、新应用层出不穷。

目前，我国多个高校设立了非织造相关专业，如东华大学、天津工业大学、苏州大学、南通大学、武汉纺织大学、浙江理工大学、西安工程大学、河北科技大学、安徽工程大学、陕西科技大学、中原工学院、嘉兴学院、河南工程学院、德州学院等，成立了非织造材料与工程院系，各学院秉持多学科交叉、多行业融合、多领域应用的理念，为非织造材料及产品的研究开发提供了支持与专业人才培养。

2.2.3 非织造材料的发展现状

近年来，受益于持续增长的需求推动，非织造行业成为全球纺织业中成长最为迅速、受关注最为密切、创新最为活跃的领域之一，而非织造材料已然成为现代社会、经济发展不可或缺的重要新型材料。尽管非织造材料产业在我国的发展历史不长，但发展速度惊人，甚至可以说经历了暴发性增长。目前，我国非织造材料产量居全球首位，且现已占全球产量的 40% 以上，已经成为全球最大的非织造材料生产国、消费国和贸易国。随着"健康中国"升级为国家战略，大健康产业已经成为我国经济转型的新引擎。大健康理念是根据时代发展、社会需求与疾病谱的改变所提出的，它围绕着人的衣食住行以及人的生老病死，关注各类影响健康的危险因素和误区，提倡自我健康管理。

　　此外，随着中国人口老龄化程度日益加剧，老龄化的同时带来了更多的老年疾病，如中风、痴呆、糖尿病、前列腺疾病、膀胱疾病等，这些疾病都容易造成短期和长期尿失禁或者行动不便。对于快节奏的社会生活，以及少子多老的家庭成员结构来说，成人失禁用品正在逐渐褪去它羞于被人们接受的尴尬面纱，成为养老市场和卫生用品行业争相博弈的品类。随着中国经济的发展、社会进入老龄化以及老年消费者观念的转变，成人失禁用品市场需求巨大。2015 年，为促进人口均衡发展，完善人口发展战略，我国实施了全面开放二胎政策，以积极调整人口结构。二胎政策的全面开放，新生人口的增加将会拉动产品需求，使纸尿裤的市场需求大幅增加，带动了纸尿裤产业的快速发展。国内企业将会引进先进技术和设备，从而提高技术水平、降低成本，使得企业竞争优势提升、扩大生产规模，另一方面也会促进纸尿裤这类卫生用非织造产品的出口、扩大国外市场、激发更大的发展潜力。因此，人口老龄化加剧、全面二孩政策刺激了市场需求，对整个非织造行业发展起到了推动作用，同时也加剧了行业间、企业间、产品间的相互竞争，为非织造材料的发展提供了机遇与挑战。

　　在此背景下，医用非织造材料如（用于医用普通口罩、医用外科口罩、医用防护口罩、医用防护服、隔离服、手术衣、手术床单、手术帷幔、医用敷料、医用绑带等）、卫生材料（用于婴儿尿裤、成人尿裤成人失禁垫、卫生巾、卫生护垫等）、过滤材料（用于气相/液相过滤、室内空气净化器、汽车尾气过滤器、高温烟气过滤袋、汽车净化器等）、土工合成材料（用于土工布、土工布膜袋、防渗土工布、复合型土工膜、土工生态袋等）、车用材料（用于汽车顶棚、脚垫、轮毂罩、吸音材料）、建筑用材料（用于防水、油毡基布、建筑隔音材料、建筑保温棉等）、电器电子行业用材料（用于电池隔膜、锂电池隔膜、绝缘材料、光学擦拭布等）、农业用材料（用于水果套、地膜、保温布、秧苗布、人工草坪等）和家用装饰材料（用于无缝墙布、沙发人造革、席梦思内衬、窗帘等），对于提高人们生活质量、促进人们身心健康有着积极推动作用，而产品的高质量化、功能化则对非织造材料提出了更高的要求。

2.3 非织造材料的特点及应用

非织造材料是一种不需要纺纱织布而形成的具有柔软、透气和平面结构的新型纤维制品，他是将纺织短纤维或者长丝进行定向或随机排列，形成纤网结构，然后采用机械黏合、热黏合或化学黏合等方法加固而成，其特点如下：

① 非织造材料是介于传统纺织品、塑料、皮革和纸四大柔性材料之间的一种材料。不同的加工技术决定了非织造材料的性能不同，有的非织造材料像传统纺织品，如水刺非织造材料；有的像纸，如干法造纸非织造材料；有的像皮革，如非织造超纤材料合成革即聚氨酯（PU）革等。

② 非织造材料的外观、结构具多样性。非织造材料采用的原料、加工工艺技术的多样性，决定了非织造材料的外观、结构具多样性。从结构上看，大多数非织造材料为纤网状结构，但也有纤维呈二维排列的单层薄网几何结构、有纤维呈三维排列的网络几何结构、有纤维与纤维缠绕而形成的纤维网架结构、有纤维与纤维之间在交接点相黏合的结构、有由化学黏合剂将纤维交接点予以固定的纤维网架结构、有由纤维集合体形成的几何结构。从外观上看，非织造材料有布状、网状、毡状、纸状等。

③ 非织造材料性能具有多样性。由于原料选择的多样性，加工技术的多样性，必然产生非织造材料性能的多样性。有的材料柔性很好，有的材料硬挺度高；有的材料强度很高，而有的材料强度却很低；有的材料很密实，而有的材料却很蓬松；有的材料的纤维很粗，而有的材料的纤维却很细。因此，可根据非织造材料的用途来设计材料的性能，进而确定相应的工艺技术和原料。

非织造材料的种类可按照成网方式、加固方式或用途来分类。按成网方式可分为干法成网（机械梳理成网、气流成网）、湿法成网（圆网法、斜网法）和聚合物纺丝成网（纺黏法、熔喷法、膜裂法、静电法）。按加固方式可分为机械加固（针刺法、水刺法、缝编法）、热黏合（热轧法、热风法、超声波黏合法）和化学黏合（浸渍、喷洒、泡沫、印花、溶剂等）。按用途可分为医用卫生材料、过滤材料、土工合成材料、车用材料、建筑用材料、电器电子行业用材料、农业用材料和家用装饰材料。

医用卫生材料是指医疗卫生机构在医疗、预防、保健等相关活动中使用的消耗型辅助用品。医用卫生非织造材料中，医用材料有医用普通口罩、医用外科口罩、医用防护口罩、医用防护服、隔离服、手术衣、手术床单、手术帷幔、医用敷料、医用绑带等，分别起到隔离防护、促进创面愈合、包扎固定等作用。卫生材料有婴儿尿裤、成人失禁垫、卫生巾、卫生护垫、化妆棉等，分别起到吸收尿液、保持皮肤干燥、减少细菌污染作用。如图2.1所示。

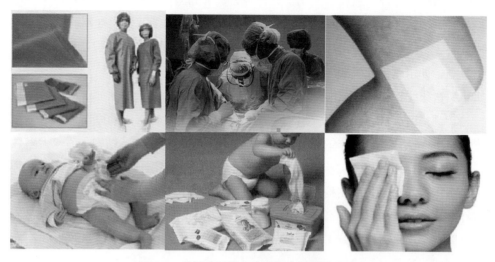

图2.1　非织造材料在医用卫生领域的应用

非织造过滤材料作为一种新型的纺织过滤材料，以其优良的过滤效能、高产量、低成本、易与其他过滤材料复合且容易在生产线上进行打褶、折叠、模压成型等深加工处理的优点，逐步取代了传统的机织和针织过滤材料，在各行各业得到了广泛应用，其用量越来越大。非织造过滤材料分为气相/液相过滤材料，气相过滤材料的应用如图2.2所示，常见的有室内空气净化器、汽车尾气过滤器、高温过滤袋、汽车净化器、个人作业防护面罩等。空气过滤材料约占过滤材料市场的三分之一，是过滤材料中增长最快的领域之一。非织造布在过滤领域的应用越来越成熟，越来越广泛，潜在的市场非常巨大，这也为非织造布的广泛应用创造了更大的机遇。

土工合成材料是土木工程应用的合成材料的总称。作为一种土木工程材料，它是以人工合成的聚合物（如塑料、化纤、合成橡胶等）为主要原料，制成各种类型的产品，置于土体内部、表面或各种土体之间，发挥加强或保护土体的作用，分为土工布、土工布膜袋、防渗土工布、复合型土工膜、土工生态袋等土工非织造材料，如图2.3所示。

图 2.2　非织造材料在过滤领域的应用（图片来源：www.hawkfilter.com）

图 2.3　土工合成材料

　　随着全球汽车工业的不断发展以及人们环保意识的不断增强，汽车工业在不断寻求成本低、可回收利用的新材料，而非织造产品因工艺流程短、生产成本低、用途广泛，在车用纺织品中有很大的应用空间，可用作汽车用地毯、座椅填充材料、吸声材料、汽车内壁装饰、车罩、汽车表面擦拭材料等，如图 2.4 所示。

图 2.4　非织造材料在汽车行业的应用

用于建筑装饰领域的非织造材料，一般为针刺非织造材料，可做防水油毡基布、建筑隔音材料、建筑保温棉、无缝墙布、沙发人造革、席梦思内衬、窗帘等。其与无机材料相比具有质轻、柔软、颜色丰富、易于加工的优点。非织造材料中纤维在纤网中以不同的形式存在，以不同的方式连接、缠结，纤维间存在大量的相互连通的孔隙，满足吸声材料与保温材料的结构需求，应用领域广泛，适用于如 KTV、办公室、酒店、影院、体育馆、会议室、家装等多种建筑装饰领域，如图 2.5 所示。

图 2.5　非织造材料在建筑装饰领域的应用

非织造材料也应用于电器电子行业，如图 2.6 所示。在电池隔膜的选材中，高性能、低成本的非织造布正受到业界的普遍关注，特别是细旦非织造布和纳米纤维网材料，相较之于传统电池隔膜，具有性能上的优势。一般情况下，非织造布电池隔膜的孔隙率可以控制在 50%~75%，耐热性好，在 90~160℃条件下，收缩率近乎为零，尺寸稳定性优于一般隔膜产品。非织造布的综合性能更适应锂离子电池隔膜材料复合化发展趋势的要求。除此之外，非织造材料原料多样，成网加固方式多样，还可作绝缘材料、光学擦拭布等。

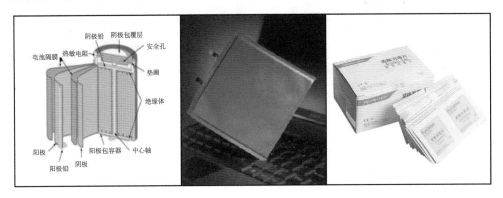

图 2.6　非织造材料在电器电子行业的应用

农用非织造布是一类产业用纺织品，是在研究解决农用薄膜、塑料等材料功能性缺陷及其所致的环境污染等问题的基础上发展起来的新型农用改良材料。农用非织造布主要采用热黏合法和纺黏法生产，所用的合成纤维主要有涤纶、丙纶、维纶，包括一部分天然纤维等，其中涤纶和丙纶非织造布应用最广。由于非织造布纤维间的孔径小而曲折，且孔隙率大，通过控制其生产工艺控制面密度后，产品的透光性好，透气率高，透湿性强，保温性好，强力高，且结构蓬松、柔软而富弹性，其覆盖性和屏蔽性很好。农用非织造布具有保温防冻、调光降温、吸湿保墒、防御保护、节能节水等功能，主要应用于农业设施，为农作物创造适宜的环境条件，普遍用作露地、塑料棚内的浮面覆盖，温室、棚内的二道保温幕及防滴水层，塑料棚的棚外保温层，容器的垫底材料及无土栽培中的衬底，育苗播种基材等，并用于防暴雨台风与病虫鸟害等，如图 2.7 所示。

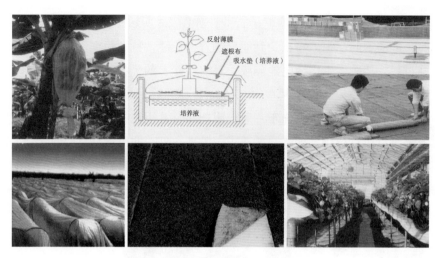

图 2.7　非织造材料在农业中的应用

2.4 医疗及卫生防护用非织造产品

随着大健康理念的深入，医疗及卫生防护用非织造产品凭借成本低廉、抗菌性好、手术感染率低、消毒灭菌方便、舒适卫生、易于与其他材料复合等特点，被广泛应用。医用非织造产品主要包括两大类。一类是与皮肤伤口直接接触的产品，如伤口敷料、纱布、绷带等，主要起到覆盖伤口、防止伤口感染、促进伤口愈合的作用，如图 2.8 所示。该类纺织品通常具有无菌、无毒性、不黏连、血液或体液吸收性良好及无致敏、致癌、致畸形性，且可药物处理、舒适、防感染、促愈合等特点。

图 2.8　与皮肤伤口直接接触的医用非织造产品

另一类是具有防水、透气、柔软、舒适、隔菌、过滤等性能的防护类和过滤类产品，主要包括医用口罩、手术帽、手术罩、手术巾、手术衣、病床床单、枕头、病服、防护服、遮蔽帷帘、揩拭布及医用过滤布等，如图 2.9 所示。常见的防护用品，如防护口罩、防护服、隔离服、手术衣、儿童口罩等，其主体材料一般都由纺黏非织造材料、熔喷非织造材料、针刺非织造材料、水刺非织造材料、透气膜材料复合制成。

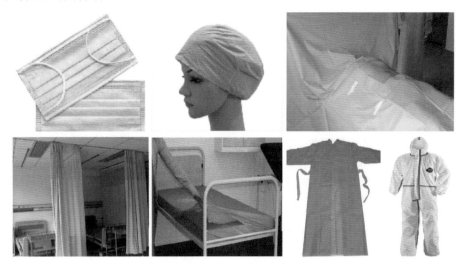

图 2.9　防护类和过滤类医用非织造产品

　　卫生用非织造材料也称用即弃卫生产品，包括妇女用卫生巾、婴儿尿裤、成人失禁用品、片状面膜、卫生湿巾等，如图 2.10 所示。在日常生活中使用即弃卫生产品，具有简单快速，清洁方便，成本低廉的优点。

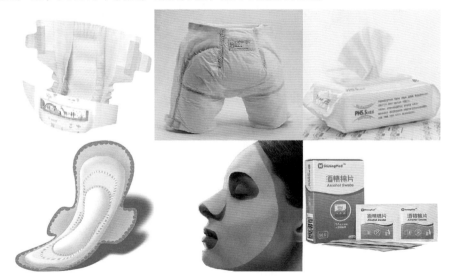

图 2.10　卫生用非织造材料

2.4.1 纺黏法非织造材料

熔体纺丝直接成网（纺黏法）非织造材料是非织造材料中占比最大的品类，其技术发展直接影响下游卫生、医疗制品等领域的产品创新。截至 2017 年 12 月底，中国纺黏法非织造材料生产线的生产能力总计 411.5 万吨 / 年，与 2016 年相比，增幅为 5.44%；2017 年，纺黏法非织造材料实际产量总计达 281.6 万吨 / 年，比 2016 年增长 5.75%。2017 年，我国共有纺黏法非织造材料生产线 1412 条，比 2016 年增加 40 条，增幅为 2.92%。其中 PP 纺黏法非织造材料生产线 1185 条，增幅为 1.37%；PET 纺黏法非织造材料生产线 118 条，增幅为 5.36%；在线复合 SMXS 非织造生产线 100 条，增幅为 19.78%；国内连续式熔喷法非织造材料的生产线 138 条。我国已经具备完整的纺黏生产体系，可以生产防护服基材、口罩的面层和里层、卫生巾的面层，生产技术成熟，具备完全的自供给能力。2020 年产能和产量将有大幅提升。

纺黏法非织造材料是聚合物经过高温熔融后从纺丝孔挤出，在空气的牵伸作用下变长变细，冷却后加固成网制备而成的，如图 2.11 所示。纺黏法非织造材料又分为单组分纺黏材料和双组分纺黏材料。国产的纺黏法产品依然以聚丙烯

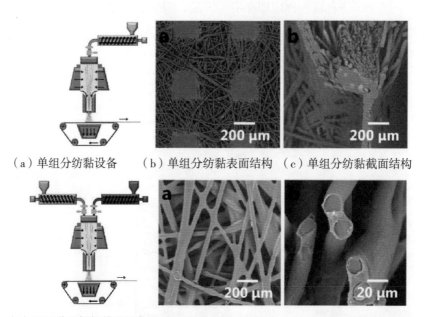

（a）单组分纺黏设备 （b）单组分纺黏表面结构 （c）单组分纺黏截面结构

（d）双组分双螺杆纺黏设备（e）双组分纺黏表面结构（f）双组分纺黏截面结构

图 2.11　纺黏设备和纺黏法非织造材料结构

（PP）纤维为主，但皮芯型、海岛型、橘瓣型双组分纤维及多组分纤维日益被关注，如聚丙烯／聚乙烯（PP/PE）并列型双组分纤维所制成的非织造网不仅纤网结构蓬松，而且比单组分纤维或同组分皮芯型纤维有更好的柔软度和手感。纺黏法非织造材料具有强度高、耐磨损、手感好等特点。在防护口罩中，纺黏法非织造材料主要起到支撑作用，并具有一定的过滤效率和拒水功能。

2.4.2 熔喷法非织造材料

熔喷法非织造布是由聚合物母粒经熔融后从模头喷丝孔挤出，形成聚合物熔体细流，在高温、高速气流的牵伸下形成超细纤维，沉积在接收装置凝网帘或滚筒上，并依靠自身残余热量加固制备而成的，如图 2.12 所示。熔喷用的聚丙烯聚合物采用茂金属催化剂聚合，并通过无规共聚方法制备得到，密度为 0.89~0.91 g/cm³，易燃，熔点 165 ℃，在 155 ℃左右软化，使用温度范围为 –30~140 ℃。在 80 ℃以下，能耐酸、碱、盐液及多种有机溶剂的腐蚀，能在高温和氧化作用下分解。

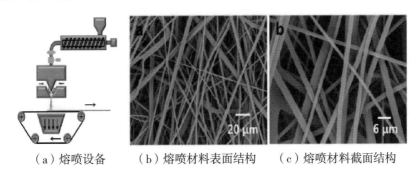

（a）熔喷设备　　（b）熔喷材料表面结构　　（c）熔喷材料截面结构

图 2.12　熔喷法非织造设备和结构

熔喷材料由超细纤维组成，具有孔径小、比表面积大、结构蓬松、孔隙率高等特征，经过适当的后处理后是一种性能优良的高效过滤材料，1 t 聚丙烯熔喷非织造布可满足加工 100~120 万只医用外科口罩或民用卫生口罩的用材需要，也可满足加工 40~50 万只 KN95（N95）防护口罩的用材需求。

聚丙烯熔喷非织造布中纤维平均直径通常为 2~4 μm，若采用新的工艺技术，可制备出平均直径小于 0.3 μm 的纤维。较窄的相对分子质量分布降低了熔体的弹性，因此，熔喷模头喷丝孔挤出的熔体细丝可在热空气流牵伸作用下变得更细。与普通聚丙烯熔喷法非织造布相比，采用高熔体指数聚丙烯［MFI=800~1 400 g/10 min］为原料的熔喷法非织造材料弯曲刚度低，手感柔软，悬垂性好。另外，高熔体指数茂金属聚丙烯没有长链分枝，而且相对分子质量分布宽度较窄，所以高熔体指数聚丙烯容易熔喷成更细的纤维。此外，耐 γ 射线照射的能力较好，因此更适用于医疗卫生产品。

空气过滤用非织造材料对固体尘埃的阻截作用是拦截效应、静电吸引、惯性沉积、扩散效应和重力效应 5 种机理联合作用的结果。未经驻极处理的熔喷法非织造布作为过滤材料，主要依靠上述除了静电吸引以外的 4 种作用。口罩用的核心材料是熔喷法生产的聚丙烯荷电非织造布。熔喷工艺中，借助熔喷生产线上的驻极装置，发射电极可使熔喷纤维网中的纤维带有持久的静电荷。聚丙烯具有较高的电阻率（$7 \times 10^{10} \Omega \cdot cm$），注入电荷的容量较大，射频损耗极小，因此是一种制造驻极纤维的理想材料。熔喷法非织造布的驻极处理是提高其过滤效率的重要后处理技术，与其他材料相比，它具有高滤效、低阻力、除尘灭菌的功能，其主要原因是非织造布纤维中带有电荷，并具有很好的荷电稳定性。经过驻极整理的熔喷法非织造布，带有持久的静电，可依靠静电效应捕集微细尘埃，因此过滤效率高（最高达到 99.999%），而且过滤阻力低。驻极熔喷法非织造布除对 0.005~1 mm 的固体尘粒有很好的过滤效果外，对大气中的气溶胶、细菌、香烟烟雾、细颗粒物、各种花粉等均有很好的阻截效果。细颗粒物又称细粒、细颗粒、PM 2.5。细颗粒物指环境空气中空气动力学当量直径小于等于 2.5 μm 的颗粒物。它能较长时间悬浮于空气中，其在空气中的含量越高，就代表空气污染越严重。虽然 PM 2.5 只是地球大气成分中含量很少的组分，但它对空气质量和能见度等有重要的影响。与较粗的大气颗粒物相比，PM 2.5 粒径小，面积大，活性强，易附带有毒、有害物质（例如，重金属、微生物等），且在大气中的停留时间长，输送距离远，因而对人体健康和大气环境质量的影响更大。

实验表明，经驻极整理的聚丙烯熔喷法非织造布在自然状态下存放二年后，滤效保持不变。在防护口罩中，熔喷法非织造材料是过滤材料的核心元件，能够高效过滤颗粒物。医用防菌口罩采用熔喷法非织造布作为过滤介质可大大减少细菌的透过率，其细菌过滤效率（BFE）高达 99% 以上。同时，熔喷技术可以与驻极技术相结合，凭借着大量电荷创造的强大静电场，可以大幅度地提高熔喷材料的过滤效率，而且不会增加过滤阻力。

2.4.3 针刺法非织造材料

针刺法非织造材料是干法非织造材料中的一种，是将短纤维经过开松、梳理、铺成纤维网，然后将纤维网通过针刺工艺加固而制成的。针刺加固是利用三角截面（或其他截面）棱边带倒钩的刺针对纤网进行反复穿刺。倒钩穿过纤网时，将纤网表面和局部里层纤维强迫刺入纤网内部，由于纤维之间的摩擦作用，原来蓬松的纤网被压缩。刺针退出纤网时，刺入的纤维束脱离倒钩而留在纤网中，这样，许多纤维束纠缠住纤网，使其不能回复原来的蓬松状态。经过许多次的针刺，相当多的纤维束被刺入纤网，使纤网中的纤维互相缠结，从而形成具有一定强度和厚度的针刺非织造材料，如图 2.13 所示。

针刺加固纤网则为刚性缠绕结构。针刺法非织造材料通常为中厚型，面密度为 80~2 000 g/m²。针刺法非织造材料可采用各种纤维，机械缠结后不影响纤维原有特征，纤维之间柔性缠结，具有较好的强度、尺寸稳定性和弹性。针刺法非织造材料的纤网由三维排列并相互缠结的纤维构成，其内部孔隙呈弯曲状，特别有利于作为过滤材料。针刺法非织造材料也是医用防护口罩、劳保口罩和日常防护口罩的重要材料。其主要用在口罩外层纺黏法非织造滤料和熔喷法非织造滤料之间，既要满足防护口罩的支撑需求，还要具有一定的过滤性能。

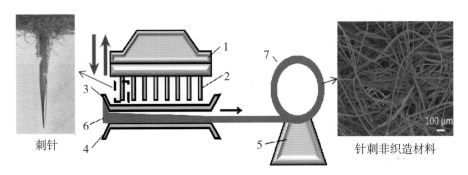

刺针   针刺非织造材料

1—针板；2—刺针；3—剥网板；4—托网板；5—成卷装置；6—纤维网；7—针刺非织造滤料

图 2.13　针刺法非织造设备与针刺法非织造材料结构

2.4.4 水刺法非织造材料

水刺法非织造材料也是干法非织造材料中的一种，是将短纤维经过开松、梳理并铺成纤维网，然后将纤维网通过水刺工艺加固而制成的。水刺法加固纤网原理与针刺法工艺相似，但不用刺针，而是采用高压产生的多股微细水射流喷射纤网。水刺法加固工艺是依靠 $8 \times 10^3 \sim 25 \times 10^3$ kPa 高水压力，经过水刺头中的喷水板，形成微细的高压水针射流，对托网帘或转鼓上运动的纤网进行连续喷射，在水针直接冲击力和反射水流作用力的双重作用下，纤网中的纤维发生位移、穿插、相互缠结抱合，形成无数的机械结合，从而使纤网得到加固。水刺加固后，可采用抽吸装置和脱水辊压榨脱除水刺法非织造材料中的大部分水，然后采用烘燥机烘干水刺法非织造材料。

水刺加固纤网利用高速水射流连续不断地冲击纤维，纤网中纤维在水力作用下相互缠结，因此水刺法非织造材料在加固过程中不涉及任何化学试剂，比较安全可靠，实现了绿色环保生产。纤网中纤维为柔性缠绕结构，水刺非织造材料的吸湿性和透气性好，手感柔软，强度高，悬垂性好，无需黏合剂，外观比其他非织造材料更接近传统纺织品，在医疗卫生防护方面的用途有医用帘、手术衣、手术罩布、医用包扎材料、伤口敷料、医用纱布、抹布、湿巾、口罩包覆材料等。作为手术衣材料时，水刺法非织造材料必须进行拒水整理，以防止手术过程中血液等对医护人员造成感染；某些水刺法非织造材料作为卫生材料使用时，还要进行抗菌整理。

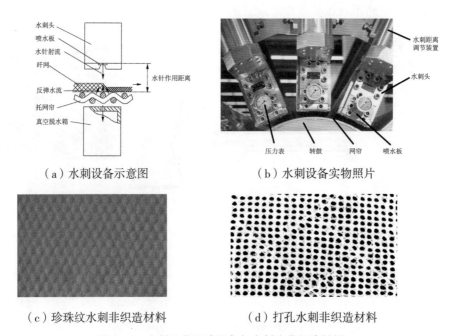

（a）水刺设备示意图　　　　　（b）水刺设备实物照片

（c）珍珠纹水刺非织造材料　　　（d）打孔水刺非织造材料

图 2.14　水刺法非织造设备与水刺法非织造材料

2.4.5 复合非织造材料

非织造材料的加工方法很多,不同工艺生产出来的非织造材料都有各自的特点。非织造材料复合技术是将两种或两种以上性能各异的非织造材料(或与其他纺织品或塑料等)通过化学、热和机械等方法复合在一起的一项技术。用复合方法加工出来的以非织造材料为主体的复合产品集多种材料的优良性能于一体,通过各种所复合的材料性能的取长补短作用,使产品的综合性能得到充分改善。

随着复合技术(工艺复合、材料复合)的不断发展,将纺黏法与其他非织造技术复合在生产医用制品上也很常见,如工艺复合中的纺黏 – 熔喷 – 纺黏复合技术(俗称"SMS"复合技术,"SMS"英文全称 Spun bond–Meltblown–Spun bond)、纺黏与水刺复合技术等。在纺黏 – 熔喷 – 纺黏生产线上,纺黏系统可以为单组分或双组分,单组分多为聚丙烯纤维,双组分则包括聚乙烯 / 聚丙烯(PE/PP)纤维、聚乙烯 / 聚酯(PE/PET)纤维、聚酯 / 聚酰胺(PET/PA)纤维等;而熔喷系统一般为单组分,如聚丙烯纤维。纺黏系统生产线中有 SS 和 SSS 两种机型,市面上比较常见的 SMS 类产品也可称 SMXS 产品,是指 SSMS、SMMS、SSMMS、SMMMS、SSMMMMS 等多模头组合纺熔非织造工艺加工而成的复合产品,如图 2.15 所示。

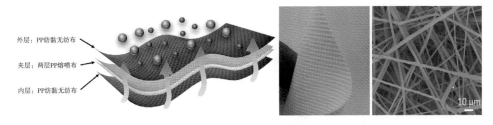

外层:PP纺黏无纺布
夹层:两层PP熔喷布
内层:PP纺黏无纺布

10 µm

(a)SMMS材料示意图　　　(b)SMMS材料实物图 (c)SMMS材料电镜图

图 2.15　SMMS 复合非织造材料

以非织造材料为基材覆以透气膜,这一类材料复合型的非织造材料常用于防护服和新风过滤系统,是一种环保型透气(汽)、隔水(液、菌、尘)的功能性材料,如图 2.16 所示。微孔型透气膜材料的出现已有 20 多年的历史,近 10 年得到迅速发展。中国在技术、市场及应用等方面均处在初级阶段。所谓的透气性薄膜,是通过在聚烯烃原料中均匀混入一种功能性无机物产品,使制品在成膜过程中因高倍拉伸而产生气孔,从而具备透气、导湿功能。以最常用的 PE 为载体的透气膜为例。PE 透气膜是在 LDPE/LLDPE 聚乙烯树脂载体中,添加 50% 左右的纳米级碳酸钙颗粒进行共混，之后进行熔融挤出，成膜后施加定向拉伸一定倍率而成。由于聚乙烯树脂为热塑性材料，可在一定条件下进行拉伸和结晶，拉伸时聚合物与纳米级碳酸钙颗粒之间发生界面剥离，碳酸钙颗粒周围就形成相互连通的蜿蜒曲折的孔隙或通道，它们赋予薄膜透气（湿）功能，从而沟通了薄膜两面的环境。PE 透气膜具有透气、防水的功能，被广泛应用于医疗（工业）防护服、婴儿纸尿裤、卫生用品等方面。据调查，每吨透气膜复合后可生产约 1.3 万件医用防护服。

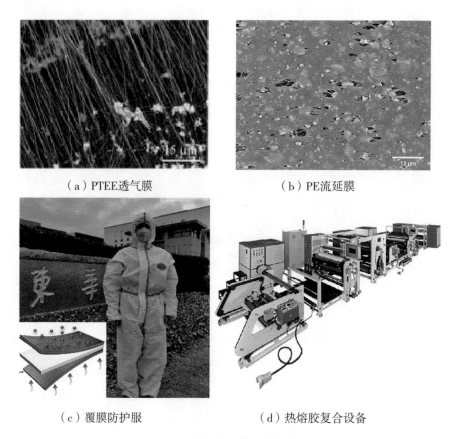

（a）PTEE透气膜　　　　　　　　（b）PE流延膜

（c）覆膜防护服　　　　　　　　（d）热熔胶复合设备

图 2.16　透气微孔膜材料及其应用

非织造材料可根据用途来设计材料的性能。通过复合工艺或复合材料加工技术可制备成满足医疗卫生、过滤防护、电子及家居装饰领域要求的材料。应用于医疗领域或日常个人防护的非织造材料及产品可根据应用场合、适用对象、适用人体部位、防护要求和指标的不同，在制备和生产过程中设计材料结构、功效，以达到不同的防护效果。

参考文献

［1］柯勤飞，靳向煜.非织造学（3版）［M］.上海：东华大学出版社，2018.

［2］George Kellie. Advances in Technical Nonwovens［M］. Woodhead Publishing，2016.

［3］赵耘甲.抓住伴老龄化而来的机遇［N］.中国纺织报，2019-01-23（003）.

［4］杨兆薇，张淑洁，伏立松，等.医用非织造材料的研究进展［J］.产业用纺织品，2019，37（7）：1-5.

［5］焦宏璞，钱晓明，钱幺，等.医疗用非织造材料的加工技术及发展［J］.化工新型材料，2019，47（12）：27-31+36.

［6］Urbaniak-Domagala, Wieslawa, Krucinska. Plasma modification of polylactide nonwovens for dressing and sanitary applications［J］.Textile Research Journal，2016，86（1）：72-85.

［7］司徒元舜.熔体纺丝成网非织造技术及装备的最新进展［J］.纺织导报，2017（10）：25-26.

［8］Zhang Haifeng, Liu Jinxin, Zhang Xing, et al. Design of electret polypropylene melt blown air filtration material containing nucleating agent for effective PM2.5 capture［J］. RSC Adv., 2018, 8：7932-7941.

［9］Zhang Haifeng, Liu Jinxin, Zhang Xing, et al. Design of three-dimensional gradient nonwoven composites with robust dust holding capacity for air filtration［J］. Appl. Polym. Sci., 2019, 136（31）：47824-47827.

［10］Liu Jinxin, Zhang Haifeng, Gong Hugh, et al. Polyethylene/polypropylene bicomponent spunbond air filtration materials containing magnesium stearate for efficient fine particle capture［J］. ACS Appl. Mater. Interfaces, 2019, 11（43）：40592-40601.

［11］汪裕超，杨阳，俞强.聚乙烯透气膜专用料的组成与性能研究［J］.常州大学学报（自然科学版），2016，28（1）：12-17.

［12］丁肖嫦.从 PE 透气膜到熔喷无纺布：金发科技的新材料抗疫之战［J］.广州化工，2020，48（4）：1-3.

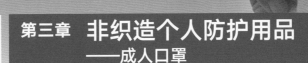

第三章 非织造个人防护用品
——成人口罩

　　新型冠状病毒以飞沫传播和接触传播为主，疫情期间，民众在勤洗手的同时，应尽量避免由咳嗽、打喷嚏、说话等方式产生的飞沫以及含有病毒的空气进入呼吸道，这是非常重要的个人防护措施。口罩是预防呼吸道传染病传播的重要防控用品，在疫情防控中发挥了重要的作用。本章从口罩的发展历史、分类、防护原理、原料与结构、加工与制备、相关标准、佩戴方法等方面进行详细介绍，提高民众对口罩的科学认识。

3.1 口罩的定义

口罩是一种可以过滤进入口鼻的空气，以达到阻隔空气中的颗粒物、气味、飞沫、花粉、油烟进出佩戴者口鼻的个人防护用品。它主要分为平面式口罩、折叠式口罩和杯状口罩三大类。

3.2 口罩的发展历史

3.2.1 近代以前的口罩记载与探索

人类对呼吸系统保护的历史可以追溯到古罗马时代，公元一世纪，意大利的哲学家和作家盖乌斯·普林尼·塞孔都斯（Gaius Plinius Secundus）（图 3.1）。他在编写的《自然史》一书中提到，为了防止矿工受到毒气粉尘的伤害，就想到利用松散的动物膀胱捂住口鼻来过滤颗粒物、粉尘等，以免在粉碎朱砂时吸入有毒的汞硫化物。这种原始的"口罩"具有良好的密封性，但是透气性较差。

图 3.1 意大利哲学家和作家乌斯·普林尼·塞孔都斯
（图片源自：互联网）

中世纪的西方医学界认为霍乱、黑死病等传染病都是由空气中的"瘴气"产生的，所以为了抵御"瘴气"，当时的一些医生在诊断呼吸疾病的时候都会戴一个面具。如图 3.2 所示。这种面具上有两个圆形玻璃护目镜，一个弯曲的喙，喙上有两个小孔，用于透气，形状像鸟的喙，如图 3.3 所示，因此叫"鸟嘴面具"。人们在喙中会放置干花（如玫瑰、康乃馨）、药草（如丁香、薄荷）、樟脑等芳香物品。当时的人们认为这种气味宜人的物品可以过滤掉"瘴气",除去恶臭,进而防止被感染。尽管其中原理不是很充分,但的确从一定程度上阻断了疾病的传播。

图 3.2　中世纪的鸟嘴面具
(图片源自:王子铭,解毒中世纪;令人毛骨索然的鸟嘴医生,历史研习社 .2017.4.28)

图 3.3　鸟喙图
(图片源自:互联网)

16 世纪的意大利佛罗伦萨,著名的画家、博物学家达·芬奇(Leonardo da Vinci),(图 3.4)在为其领主提供咨询的时候提出使用机织布浸水捂在脸上,可以防止烟雾等有毒化学品对呼吸系统的伤害,这种超前的方法启用至今已编入防火逃生指南中。

在中国元代,宫廷皇帝进餐时,为了避免那些侍奉皇帝饮食的人所发出的气息触及食物,侍者口与鼻一律都要蒙上蚕丝与黄金线织成的丝巾:《马可波罗游记》里记载:"在元朝宫殿里,献食的人,皆用布蒙口鼻,使其气息,不触饮食之物。"而这样蒙口鼻的绢布,也是最原始的口罩。尽管所用的材料奢侈了一点,但"蚕丝和黄金织成的丝巾"起到了现代口罩的部分功能。

图 3.4　意大利画家、博物学家达·芬奇
(图片源自:新华网)

3.2.2 近代口罩的进化

1827 年，苏格兰科学家罗伯特·布朗（Robert Brown）发现了一种称为"布朗运动"的现象，认为快速移动的气体分子发生碰撞会导致极小颗粒的随机弹跳运动，这对于研究口罩对于粉尘的防护机理具有重要参考价值。1849 年，美国人刘易斯·哈斯莱特（Lewis Haslett）发明了"肺保护器"，该保护器本质上是一个繁琐的呼吸面具，内含一个填充木炭与纤维的过滤器，被用于矿工防尘。他在1849 年申请了一项美国专利。至今在美国的档案馆还能查阅到此项专利。1861年，法国微生物学家路易斯·巴斯德（Louis Pasteur）通过著名的鹅颈瓶实验，证明空气中存在会使物质腐败的微生物。这是一个重要转折，因为人们第一次认识到了空气中除了化学毒物之外还有生物细菌，而这也为之后的细菌防护型口罩的发明和应用打下了理论基础。

1876 年，医学界创立了无菌外科，即所有手术使用的器械、手术服、手术帽、橡胶手套都必须严格消毒，但当时医学界还没有对手术医生的口鼻进行防护。1897 年，德国微生物学家卡里·弗鲁格（Cail Flugge），通过实验证明，医护人员在手术中对着创口交谈的行为可能引起伤口感染发炎，弗鲁格的具体表述是"从外科医生咽部和龋齿中可以培养出金黄色葡萄球菌和链球菌，讲话时唾液内的细菌会污染伤口"。弗鲁格的学生做了有关细菌学的临床实验，发现当不戴口罩时，在距离培养皿 45~60 cm 处高声演讲，在 2 m 外咳嗽以及 6 m 处打喷嚏，培养皿内均有细菌生长，每次张口说话都可能向空气中散播细菌。以此为基础，德国外科医学家米库里兹·莱德奇（Mikulicz Radecki）在同年提出，医务人员施行手术时，应该将自己的口腔、鼻腔、胡须用一层纱布遮住以避免唾液飞溅到伤口上。这样的口罩被称为"米库里兹氏口罩"（Mikulicz's mask），这是现代意义上有记载的首款医用口罩，自此以后"戴口罩"成了医护人员的标准形象。

当时口罩的材料是传统纺织品，口罩设计非常简陋，便用一层或几层棉纱布经简单叠合制备而成后把脸部缠绕起来，起到阻隔飞沫、液体的物理防护功能，但是其阻隔性、便捷性和舒适性与真正的现代口罩差距巨大。1899 年，英国的一位外科医生改进了设计，他将纱布剪成长方形，在纱布之间架起一个框形的细铁丝支架，让纱布与口鼻之间留有一定的间隙（内腔体），这种结构有效地提高了口罩的舒适性，缓解了戴上口罩后呼吸不畅的缺陷。

随后，一位法国外科医生保罗·伯蒂（Paul Berdy）设计了一种口罩专用的材料，将 6 层纱布的口罩缝在手术衣的衣领上，用时只要将衣领翻上就行。随着这种口罩在外科手术上应用量的增加，他又改进了设计，用一根环形带子连接纱布挂在耳朵或者后脑勺上，该方法减少了对耳朵的压力和负担，为现代口罩的研发打下了坚实的基础。

1910 年 11 月，一场肺鼠疫从俄国贝加尔湖地区沿中东铁路传入中国，并以哈尔滨为中心迅速蔓延，4 个月内波及 5 省、6 市，死亡达 6 万多人。清政府任命医学博士伍连德负责调查、防治。他发现肺鼠疫通过呼吸和空气中飞沫传播，于是对哈尔滨进行全面隔离布控，同时发明了用棉纱布做成的简易式口罩，称为"伍氏口罩"。这种口罩的将 30 cm 宽的普通外科纱布剪成 1 m 长的条，每条顺长折成双层，中间放置一块长 13 cm、宽 20 cm、厚 1.6 cm 的棉纱布块，再将纱布的每端剪成两条，每条长 50 cm，使之成为两层状的纱布绷带，用时以中间有棉纱布块处掩遮口鼻，两端的上、下尾分别经耳朵上、下方缚结于脖后。这种"伍氏口罩"简单易戴，价格低廉。伍连德调动大量人力物力，确保口罩源源不断地供应给市民，并且很快被民众接受。在 1911 年 4 月的"万国鼠疫研究会"上，"伍氏口罩"被各国专家称赞，"伍连德（Lien-Teh Wu）发明之面具，式样简单，制造费轻，但服之效力，亦颇佳善。"在接下来 1919 年东北霍乱、1932 年上海霍乱防疫战中，伍连德的"伍氏口罩"也发挥了极其重要的作用。

真正让口罩从外科医学器械走向大众的标志性事件是一战时期的西班牙大流感。1918 年 3 月 11 日，这场夺命世纪大流感在美国堪萨斯州的芬斯顿军营暴发，通过战争流传到欧洲战场，随后席卷全球，感染了全球约 20% 的人口，全球死亡人数约 5 000 万，比在大战中死亡的人数还多，被认为是第一次世界大战提早结束的原因之一。这也造成口罩在流感肆虐期间变成了全民用品，为了对抗疫情，各国的人们都被强制性要求戴上口罩，特别是红十字会工作人员和医护人员更是有戴口罩的要求。1943 年，美国海军医师恩格弗雷德（Engelfried）和费罗（Farrer）强调制作口罩的经纬纱线细度要达到一定的支数，经纬纱密度也要达一定的要求。采用没有经过浆纱的 12.84~14.76 tex 纱线用来制备口罩材料，采用 6 层纱布制作成宽度 × 长度为 23 cm × 27 cm 的口罩，可阻挡掉 90% 带有细菌的飞沫。随着用于制作口罩的材料的不断发展和应用面的扩大，口罩的设计进一步更新，口罩过滤细菌的功能也得到了增强和提升。

3.2.3 现代口罩的进化

20 世纪 60 年代，非织造材料技术诞生，主要使用的是静电合成纤维滤毡，静电合成纤维滤毡是对聚丙烯纤维在熔喷制造过程中进行静电充电，使其成为静电型驻极体熔喷非织造材料。作为矿产企业的美国 3M 公司（明尼苏达矿务及制造业公司：Minnesota Mining and Manufacturing）基于非织造材料和静电纤维滤毡的专有技术，从 1967 年开始设计和生产防尘口罩，当时恰逢美国《职业安全健康法（1970）》颁布和美国职业安全健康管理局（OSHA）成立，美国国内的劳工职业健康和保护得到全面的加强，有力地推动了防尘口罩的应用和更多新技术的研发。如今被人们熟知美国 3M 公司和霍尼韦尔公司生产的 KN90/N90、KN95/N95、KN99/N99 防护口罩都属于其中的发展和分支。

在日本，口罩的日常使用比其他国家更加普遍，这一方面源于日常防护花粉等功能性作用，同时日本经常性地震产生的防疫压力也要大于其他国家；另一方面也有文化层面的原因，口罩对于日本的御宅族而言是一种合适的阻断社交压力的方式，从这个意义上，口罩充当了耳机的作用。

2003 年的非典疫情使得口罩的使用和普及达到了新高潮。世界卫生组织（WHO）和美国疾病控制预防中心（CDC）就护理"非典"患者发布了相关防范措施，建议应减少暴露于空气的时间以减少空气中飞沫传染的概率，推荐使用符合美国国家职业安全卫生研究所（NIOSH）N95 级认证的防护口罩。"非典"期间，我国很多地区的口罩一度脱销，同时也促进了国内相关研究人员对疫情防护口罩的开发与探索。比如东华大学靳向煜教授及其团队研究的防 SARS 医用防护口罩，采用 DHU– 聚合物喷丝成网试验机组，将聚丙烯（PP）经熔融挤出，高温高压热空气牵伸，接收后成型制成不同规格和结构的医用防 SARS 的高效低阻的滤材，与抗湿面层和亲肤里层材料一起组合成高效医用自吸式口罩，经过测试，其过滤效率达到 99% 以上，长时间存放后过滤效率可保持基本不变。东华大学研发的 KN 95 口罩如图 3.5 所示。

图 3.5　东华大学研制的 KN 95 口罩

3.3 口罩的分类

口罩的种类繁多，在不同的环境中，其用途也不一样。常用口罩分类包括形状、佩戴方式、材料、用途。

3.3.1 按形状分类

如图 3.6 所示，口罩按照形状分为平面式口罩、折叠式口罩、杯状式口罩三大类。

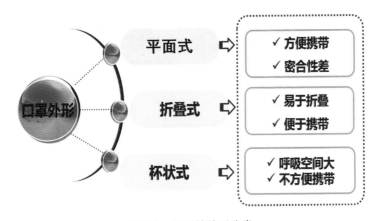

图 3.6　口罩按外形分类

平面式口罩：采用聚丙烯材质的纺黏、熔喷、纺黏非织造材料组成口罩主体材料。采用金属、塑料的鼻梁夹设计，可依据不同脸型和鼻子的不同高度，做不同的贴合形状调整。鼻梁夹长度不小于 8 cm。耳带主要采用氨纶材料，以达到高回弹性和韧性的要求，一次性医用口罩和医用外科口罩标准均规定单根口罩带与口罩体的连接断裂强力不低于 10 N。平面式口罩便于携带，但密合性差，如图 3.7（a）所示。

折叠式口罩：又称 C 型口罩，通常采用纺黏、熔喷、纺黏非织造材料组成口罩主体，采用铝塑鼻梁夹（容易热黏合也容易防锈），鼻梁夹长度不小于 8 cm，耳带主要采用氨纶材料，以达到高回弹性和韧性。

口罩带与口罩体的连接断裂强力是保障口罩佩戴牢固的因素之一，其中民用卫生口罩标准规定单根口罩带与口罩体的连接断裂强力不低于 5 N。折叠式口罩易于折叠，便于携带，如图 3.7（b）所示。

杯状式口罩：主要为 N95，以劳保防粉尘为主。采用纺黏、针刺、熔喷、纺黏非织造材料组成口罩主体材料。采用铝塑鼻梁夹（容易热黏合也容易防锈），鼻梁夹长度不小于 8 cm。N95 口罩的耳带采用高弹橡胶。日常防护型口罩标准规定单根口罩带与口罩体的连接断裂强力不低于 20N。杯状式口罩经过独特的外形设计，使其与脸部的密合性更好，粉尘与病毒不会轻易漏入，呼吸空间大，但不方便携带，如图 3.7（c）所示。

（a）平面式口罩　　　　（b）折叠式口罩　　　　（c）杯状式口罩

图 3.7　按形状分类的口罩
（图片源自：互联网）

3.3.2 按佩戴方式分类

口罩按照佩戴方式分为头戴式、耳戴式、颈戴式三大类，图 3.8 为不同佩戴方式口罩的使用特点。

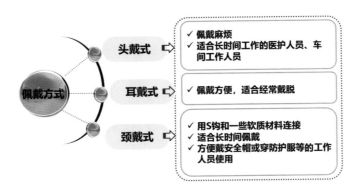

图 3.8 不同佩戴方式口罩的使用特点

头戴式口罩：佩戴口罩时的受力点在头部，可以减少耳部受力，从而提高佩戴时间及舒适性，但是佩戴过程较为麻烦，适合于长时间佩戴的医护人员或者车间工作人员使用，如图 3.9（a）所示。

耳戴式口罩：佩戴时的受力点在耳部，佩戴方便，因为是耳部受力，所以不适合长时间佩戴，如图 3.9（b）所示。

颈戴式口罩：用 S 钩、一些软质材料作为连接件连接耳带转换成颈带式，适合长时间佩戴，更便于戴安全帽或防护服等工作人员使用，如图 3.9（c）所示。

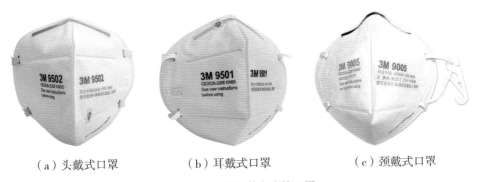

（a）头戴式口罩　　　　（b）耳戴式口罩　　　　（c）颈戴式口罩

图 3.9 不同佩戴方式的口罩
（图片源自：互联网）

3.3.3 按材料分类

口罩按材料可分为纱布口罩、非织造布口罩、布料口罩、海绵口罩、纸口罩、活性炭口罩。

纱布口罩：用棉纱布经过缝纫加工而成，主要起到防寒、防风作用，符合 GB19084—2003 标准。

非织造布口罩：即弃式防护口罩大部分为非织造布口罩。主要是以物理过滤结合静电吸附的过滤方式。

布料口罩：主要采用棉纤维，以机织方式加工而成，俗称"明星口罩"。该口罩若没有过滤材料层，则只有保暖效果，没有过滤 PM2.5、花粉等极小颗粒的效果。

海绵口罩：被称为"明星口罩"，采用聚氨酯高分子材料，经过滚刀混切或缝制加工而成。该类口罩容易滋生细菌，使用时间不宜过长。

纸口罩：适用于食品、美容等行业，具有透气好、使用方便舒适等特点，所用纸遵循 GB/T 22927—2008 标准。

活性炭口罩：分为两种形式，一种是非织造材料＋活性炭纤维布＋熔喷非织造材料，另一种是棉纱布＋活性炭颗粒＋脱脂纱布。活性炭过滤层的主要功能是吸附有机气体、恶臭、及毒性粉尘等，与非织造材料和熔喷非织造材料配合使用，还可以过滤微细颗粒物，起到双重功效。其中的活性炭纤维是 20 世纪 70 年代开发出来的新型功能性吸附材料，它以有机纤维为原料，经炭化、活化后制成。

其他材料的口罩：生物防护过滤新材料制成的口罩等。

3.3.4 按用途分类

口罩按用途可以分为医用（防护或外科口罩、日用防护）口罩、工业防护口罩、防油烟口罩、防雾霾口罩、防寒保暖口罩及防护面罩。

医用（防护或外科）口罩：医用外科口罩，即通常所说的平面口罩，如图 3.10 所示，符合 YY 0469—2011 标准，面部密合性未做要求，非油性颗粒物过滤效率 ≥ 30%。医用防护口罩一般不设呼气阀，具有良好面部密合性，如图 3.11 所示，符合 GB 19083—2010 标准，非油性颗粒物过滤效率 ≥ 95%，要求通过合成血液穿透测试，并对微生物指标有要求。对非油性颗粒物的过滤效率分了 3 个等级，1 级为 ≥ 95%，2 级为 ≥ 99%，最高级 3 级为 ≥ 99.97%。医用口罩的核心参数要求见表 3.1。

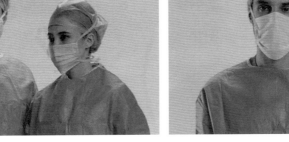

图 3.10　医用外科口罩　　　　　　　图 3.11　医用防护口罩

　　日用防护口罩（主要用于防微颗粒，如 N95、KN95 等）：日用防护型口罩在指定气流量（85 L/min）条件下，能够过滤超过 95% 的非油性颗粒物，由此得名 N95，在 2003 年被世界卫生组织指定为防非典专用口罩。如果能够过滤非油性颗粒物超过 99%，就称为 N99 口罩。N95 型口罩造型独特，中间凸起成杯状，与人的口鼻部位十分吻合，并且有一定的过滤空间腔体。同时，它的边缘部位与人的脸部密合程度较严，能防止病毒对人的口、鼻部位的接触感染（图 3.12）。N 代表防护非油性颗粒物，而 R 代表防护油性颗物粒或非油性颗粒物（防护油性颗粒物时，建议佩戴寿命不超过 8 h），P 代表防护油性颗粒物或非油性颗粒物（防护油性颗粒物时，遵循制造商建议）。日用防护型口罩的核心参数要求见表 3.1。

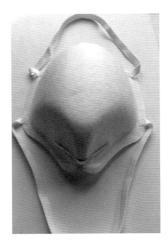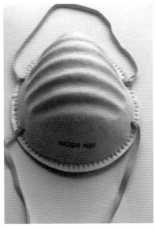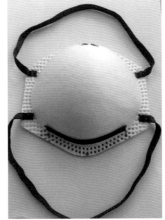

图 3.12　部分日用防护口罩

表 3.1 各种类型口罩的标准及性能要求

口罩类型	医用领域防护口罩			工业领域防护口罩	民用领域防护口罩	
	医用防护口罩	医用外科口罩	一次性医用口罩	工业防护口罩	日常防护口罩	民用卫生口罩
执行标准	GB 19083—2010	YY 0469—2011	YY/T 0969—2013	GB 2626—2019	GB/T 32610—2016	T/CNTAC 55—2020 T/CNITA 09104—2020
标准性质	强制性国标	强制性行标	推荐性行标	强制性国标	推荐性国标	团体标准
外观特点	立体、密合性好	平面、密合性一般	平面、密合性一般	立体、密合性好	立体、密合性好	密封性好
颗粒物过滤效率	1 级 ≥95%	≥30%	—	KN90 ≥90.0%	Ⅰ级≥99%（盐、油）	≥90%
	2 级 ≥99%			KN95 ≥95.0%	Ⅱ级≥95%（盐、油）	
	3 级 ≥99.97%			KN100 ≥99.97%	Ⅲ级≥90%（盐、油）	
颗粒物类型	盐性气溶胶	盐性气溶胶	—	盐性气溶胶	盐性、油性气溶胶	盐性气溶胶
细菌过滤效率	—	≥95%	≥95%	—	—	≥95%
其他关键指标要求	气阻、血液穿透、抗湿、阻燃	细菌过滤效率、血液穿透	细菌过滤效率	吸气阻力、呼气阻力、泄漏率	防护效果、吸气阻力、呼气阻力	通气阻力，环氧乙烷残留量，染色牢度、阻燃性能

　　工业防护口罩、防油烟口罩（呼吸器，主要用于职业防护）：工业防护口罩一般都采用复合的过滤材料制作，过滤材料包括活性炭纤维、活性炭颗粒、熔喷非织造布、静电纤维及其他特种过滤材料等，是从事接触粉尘的作业人员必不可少的防护用品。其通常用来阻隔灰尘或废气，无法滤除病菌。制造工业防护口罩用纤维直径小，吸附质扩散路径短，使其对吸附质显现出良好的动力学特征，吸附、脱附速率相当快。活性炭纤维防护口罩由活性炭纤维内芯、无纺布内罩、白色纯棉布外罩和鼻夹组成。活性炭纤维防护口罩主要具有防毒、滤菌、除臭、阻

尘等功效，特别适用于含有有机气体、酸性挥发物、农药、SO_2、Cl_2 等刺激性气体的场合，防毒、除臭效果显著。

防雾霾口罩（PM2.5 口罩）：2012 年开始的雾霾污染受到人们的普遍关注，使 PM2.5 口罩的需求剧增。该口罩由三层组成，表层为普通机织面料，里层一般为纯棉机织面料，中间为可以更换的滤芯。滤芯的表里两层为普通熔喷的非织造材料，中间夹一层超细纤维熔喷法非织造材料。超细纤维无规排列形成微孔，一方面可以阻挡直径超过微孔孔径的微小颗粒物，另一方面微孔的存在有益于佩戴者呼吸。虽然滤片材料具有一定的过滤性能，但滤片面积比口罩整体面积小，因此一些粉尘会从滤片四周的布的孔洞中进入口罩内，降低了口罩的过滤效果，且滤片的插入也加大了呼吸阻力。

防寒保暖口罩：这种口罩用稀疏的棉纱布经过缝纫加工而成。它的阻隔原理是通过一层层的纱布将大颗粒物隔离在外，但是无法阻止直径小于 5μm 的颗粒物。防寒保暖口罩的功能是避免冷空气进入口、鼻、呼吸道，具有透气性好的优点，但防微颗粒、防菌效果不明显，在流行病高发期和雾霾天气，几乎起不到防护作用。

防护面罩：用来保护面部和颈部免受飞来的金属碎屑、有害气体、液体喷溅、金属和高温溶剂飞沫伤害的用具。主要类型有焊接面罩、防冲击面罩、防辐射面罩、防烟尘毒气面罩和隔热面罩等。它通常由罩体、密封垫、过滤元件、头带等部件组成。防护面罩密封性很好，滤芯可采用活性炭材料，也可以根据不同需求进行更换，如图 3.13 所示。以防毒面罩为例，它的吸附剂层采用的是载有

图 3.13　防护面罩
（图片源自：上海哈克过滤科技股份有限公司）

催化剂或化学吸着剂的活性炭，主要通过物理吸附、化学吸附、催化吸附三种作用方式起到不同防护作用。

3.4 口罩的防护原理

纤维过滤介质的过滤理论研究主要集中在单纤维过滤机理和纤维集合体过滤机理两方面。

3.4.1 纤维过滤机理

经典的单纤维过滤机理认为：纤维主要通过扩散、惯性、拦截、重力、静电吸引等作用，对微米级及亚微米级颗粒物进行过滤（图 3.14）。

3.4.1.1 扩散作用

气溶胶颗粒在布朗运动的作用下，当遇到纤维时，并不沿着流线方向运动，而是继续扩散。颗粒尺寸越小、气流速度越低，扩散作用、捕获效率越高，这是由于当速度较低时，颗粒有更多的时间运动到纤维表面而被捕获。

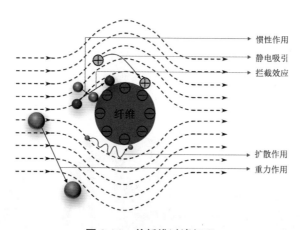

图 3.14 单纤维过滤机理

3.4.1.2 惯性作用

当颗粒随气流一起运动遇到纤维时，由于惯性的作用，气流会在纤维周围改变运动方向，而颗粒会继续运动，从而与纤维发生惯性碰撞被捕获。惯性作用主要取决于颗粒质量和气流速度。颗粒质量越大、气流速度越大，惯性越大，颗粒更容易从气体流线中偏离与纤维碰撞而被捕获。

3.4.1.3 拦截效应

颗粒随气体流线到达纤维表面，当流线到纤维表面的距离小于等于颗粒物的直径时，颗粒物被拦截到纤维表面。

3.4.1.4 重力作用

当颗粒质量较大和气流速度较低时，颗粒在重力的作用下偏离气体流线，进而沉积在纤维上。

3.4.1.5 静电吸引

静电吸引的作用主要体现在库仑力和电泳力对颗粒的捕获，电中性的微粒会由于电泳力的作用而被带电纤维捕获，而带电微粒会由于库仑力和电泳力的联合作用而被捕获。

在这些过滤机理中，扩散作用、惯性作用、拦截效应和重力作用一般与材料的结构相关，也可以统称为"机械过滤作用"。在实际应用中，过滤过程往往不是单一的过滤机理作用的，而是由多种过滤机理共同作用的。根据颗粒尺寸的不同，不同过滤机理发生作用范围也有一定的差异。如图 3.15 所示，当颗粒物粒径大于 10 μm 时，重力作用为主要作用；当颗粒物粒径为 1~10 μm 时，惯性作用为主要作用；当颗粒物粒径为 0.3~1 μm 时，拦截效应为主要作用；当颗粒物粒径小于 0.3 μm 时，扩散作用和静电吸引为主要作用。

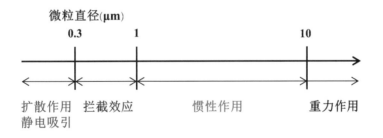

图 3.15　不同颗粒物粒径对应的主要过滤机理

长时间漂浮在大气中的粒径为 0.1~10 μm 的气溶胶粒子对人体健康影响最大，它能直接被人体吸入呼吸道内，从而进入肺部或肺泡，其本身的毒性或携带的有毒性物质，对人体健康会造成极大危害；大气气溶胶中的重金属成分、多环芳烃和亚硝胺等化学物，可以危害人体的多种部位，包括神经、肠胃、心脏、肺、肝、肾、皮肤等，对人体有致癌作用。图 3.16 为颗粒物、细菌、油颗粒和花粉与非织造过滤材料的电镜图，图 3.17 为常见颗粒物的粒径分布。颗粒物过滤效率（PFE）是指规定流量下口罩对 0.3 μm 粒子滤除的百分数，细菌过滤效率（BFE）是指规定流量下口罩对含菌悬浮粒子（3 μm）滤除的百分数。

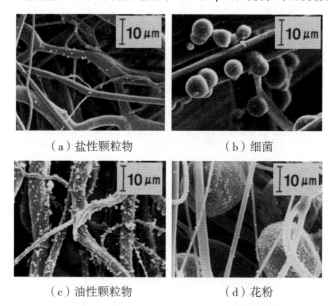

（a）盐性颗粒物　　　　　　　（b）细菌

（c）油性颗粒物　　　　　　　（d）花粉

图 3.16　各种颗粒物与非织造过滤材料的电镜图

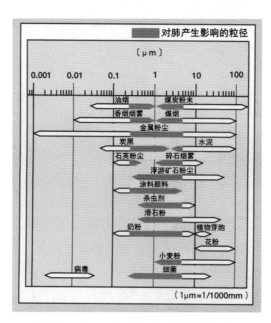

图 3.17　常见颗粒物的粒径分布

3.4.2 纤维集合体过滤机理

一般来说，在纤维过滤材料中，纤维是以纤维集合体的形式存在的，纤维集合体的过滤效率除了与单纤维过滤效率有关外，与纤维的排列结构也密切相关。纤维集合体对颗粒物的过滤形式可以分为深层过滤和表面过滤。深层过滤所用的过滤介质一般为粗纤维材料，孔径尺寸分布很广，颗粒物在通过滤材时大部分被捕获然后沉积在这些孔隙之中，部分小颗粒可以穿过滤材［图 3.18（a）］。表面过滤使用的过滤材料大多数为多孔膜材料，比如聚四氟乙烯膜、聚酰胺膜及聚偏氟乙烯膜等。表面过滤的特点是过滤效果好，可以拦截大于孔径的所有颗粒，但是过滤能力有限，适用于精过滤［图 3.18（b）］。

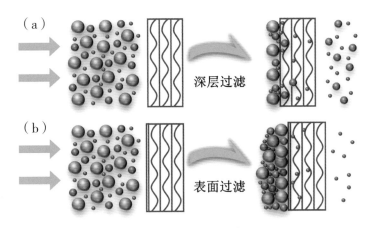

图 3.18　纤维集合体过滤机理

对于纤维类过滤材料而言，随着过滤的进行，过滤机理并不是保持不变的，而是会发生变化。研究发现，随着过滤时间增长，过滤材料经历三个不同阶段，即深层过滤阶段、深层过滤和表面过滤过渡阶段以及表面过滤阶段。开始过滤时，颗粒物被材料捕获后大多累积到材料内部，这时属于深层过滤阶段，在这个阶段内过滤阻力逐步上升但是上升速度缓慢；随着加载的进行，颗粒物在材料内部累积越来越多，当大部分的孔洞都被填满以后，开始进入表面过滤过渡阶段，在这个阶段内过滤阻力较深层过滤阶段上升明显加快；当材料内部的孔洞全部被颗粒物填满后，颗粒物开始大量的在材料表面累积并形成滤饼层，进入到表面过滤阶段，这时过滤阻力剧烈上升，过滤效率达到 99.999%。

3.5 口罩的加工与制备

3.5.1 口罩的生产资质

医用口罩（医用防护口罩、一次性医用口罩和医用外科口罩）、劳保口罩（特种劳动防护用品）和日常防护口罩的生产资质要求各不相同。

医用口罩属于医疗器械管理的口罩。生产此类产品，企业需要向省级食品药品监督管理局器械处申请办理"医疗器械产品注册证"、"医疗器械生产许可证"，并要求生产企业具备微生物试验能力和相关理化试验能力。

劳保口罩的生产需要向省级技术监督局申请"工业品生产许可证"，并向国家安全生产监督管理总局申请"特种劳动防护用品安全标志"认证（"LA"认证）。

日常防护口罩和民用卫生口罩不需用办理任何许可证照，只需将产品向有资质的第三方检测机构按照相应标准送检，取得合格的检测报告，即可上市销售。

3.5.2 口罩的生产环境

医用口罩必须在 10 万级（医疗行业称为 D 级洁净车间）或以上的洁净车间进行生产，其生产环境必须是无尘、无菌的，有特殊要求的口罩还必须在指定恒温恒湿环境条件下进行生产。从初始挑选原料到最终成型打包，全程都必须无尘、无菌化，车间布局要合理，讲究工艺流程顺畅，上下工序之间衔接畅通，运输距离要短直，尽可能避免迂回和往返运输。

10 万级洁净车间（图 3.19）对温度、相对湿度无特殊要求时，以穿着洁净工作服时产生舒服感为宜，温度一般控制在冬季 20~22 ℃，夏季 24~26 ℃，波动 ±2 ℃；冬季洁净室相对湿度控制在 30% ~50%，夏季洁净室相对湿度控制在 50% ~70%。10 万级洁净车间需要同时满足三个标准：标准一，尘粒最大允许 ≥ 0.5 μm 的粒子数不超过 350 万个 /m³，≥ 5 μm 的粒子数不超过 2 万个 /m³。标准二，微生物最大允许数，浮游菌数不超过 500 个 /m³；沉降菌数不超过 10 个 /培养皿；标准三，压差。相同洁净等级的洁净室压差保持一致，不同洁净等级的相邻洁净室之间的压差 ≥ 5 Pa，洁净室与非洁净室之间要 ≥ 10 Pa（主要是为了保障空气从洁净区流向非洁净区，避免气流倒灌）。

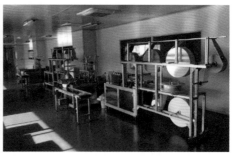

图 3.19　10 万级洁净车间
（图片源自：互联网）

日常防护口罩和民用卫生口罩应遵守 GB15979—2002《一次性使用卫生用品卫生标准》中对于生产环境卫生指标的要求，卫生指标包含：装配与包装车间空气中细菌菌落总数应 ≤ 2 500 菌落个数 /m³；工作台表面细菌菌落总数 ≤ 20 菌落个数 /cm²；工作手表面细菌菌落总数应 ≤ 300 菌落个数 / 只手，并不得检出致病菌。

劳保口罩应参照上述标准要求或采用更严格的卫生环境进行生产作业。

3.5.3 口罩的原材料及其制备技术

口罩的原材料主要有纺黏非织造材料、针刺非织造材料、熔喷非织造材料，以及耳带、鼻梁条等辅料。与传统纺织过滤材料相比，用于口罩的非织造材料具有独特的三维立体网络结构、孔径小、孔隙率大、透气性与过滤性能好等特征。

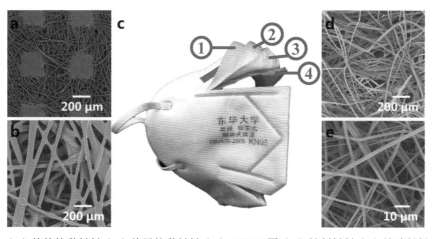

（a）热轧纺黏材料（b）热风纺黏材料（c）KN95口罩（d）针刺材料（e）熔喷材料

图 3.20　KN95 口罩内部结构图

图 3.20 为典型的 KN95 口罩。该类口罩分为四层结构设计：面层①为纺黏非织造材料，具有高强力，能够阻挡粗颗粒物，有时还具有拒水、拒血液功能。②为高效低阻针刺非织造材料，能够拦截大颗粒物，并对口罩起到骨架作用。③为熔喷超细纤维非织造材料，能够有效去除微细颗粒物。里层④为纺黏非织造材料，具有一定的舒适性、亲肤功效等。

3.5.3.1 纺黏非织造材料及其制备技术

纺黏非织造材料一般应用在防护口罩的最外层和最内层：外层的材料为保护层，用作骨架，并有效拦截大粒径的颗粒物（直径大于 $10~\mu m$），防止大颗粒物过早堵塞熔喷层形成滤饼；内层的材料为舒适层，用作衬里。平衡过滤效率与过滤阻力这两项技术指标是制备优良纺黏非织造材料的关键。

图 3.21 所示为双组分纺黏非织造翻网成型技术工艺流程。双组分纺黏设备配备了两套原料输送及配料装置、熔体过滤器、螺杆挤出机、计量泵等，使两种不同的熔体形成双组分熔体细流，从喷丝孔喷出后经牵伸，熔体细流最终冷却凝固成复合纤维，进而形成双组分纺黏材料。成网装置 B 中的纤维网呈逆时针方向运动，上下面翻转与成网装置 A 中顺时针运动的纤维网叠合。这项双模头纺黏非织造翻网成型技术的发明，不仅降低了成网装置 B 的抽吸风机功率配置，成网过程中抽吸风机总能耗降低了 1/3，而且两层纤网的随机叠合会使得非织造材料更加均匀。

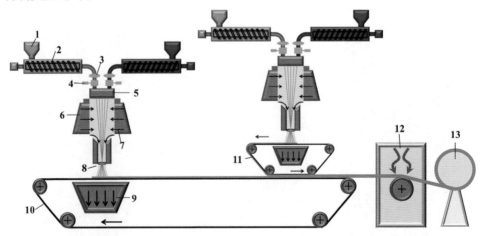

1—料斗；2—螺杆挤出机；3—过滤器；4—计量泵；5—纺丝箱；6—牵伸装置；7—冷却风；
8—分丝；9—抽吸装置；10—成网装置A；11—成网装置B；12—加固装置；13—成卷装置。

图 3.21 双组分纺黏非织造翻网成型技术工艺流程

德国莱芬豪舍（Reifenhäuser）公司开发的 Reicofil 工艺堪称全球使用最广泛、发展最快、技术最成熟的主流纺丝成网非织造材料生产技术。在四代 Reicofil 工艺的基础上，其于 2017 年推出了全新的 Reicofil5 工艺（简称 RF5），首次开发了含有八个纺丝系统的生产线（图 3.22）。RF5 生产线的最高运行速度为 1200 m/min，能生产规格为 8 g/cm^2 的轻薄产品，这是当今最先进的水平。RF5 生产线中，熔喷系统喷丝板的孔密度可增加至 2 953 孔 /m（75 孔 / 英寸），其主要目的就是提高阻隔性能，纤维平均直径约 2 μm，产品可以用作 HEPA（高效空气过滤级）过滤器。美国希尔斯（Hills）公司研发的双组分纺黏技术是目前国际上较先进的双组分纺黏非织造技术，其最大优点是可以在同一纺丝组件中纺制各种类型的可进行熔体纺丝的双组分纤维。其在双组分熔喷技术的应用方面也进行了大量的研究工作，并将研究成果应用于实际生产中，其孔密度为 3 937 孔 /m（相当于 100 孔 / 英寸）的双组分喷丝板可生产"并列型"纤维熔喷材料，而国内在此方面的研究刚刚起步。希尔斯公司的高孔密度喷丝板早已进入商业化应用，喷丝孔的最小直径为 0.10 mm，由于采用了特殊刻蚀和黏合加工技术，喷丝孔的长径比可达到 100 甚至更高，其熔体压力可达到 10.4 MPa，是常规机型的 5 倍。欧瑞康纽马格（Oerlikon Corporate）公司纺黏生产线可以选择性装配双组分系统，其皮层含量可低至 5%。欧瑞康纽马格公司曾开发了一种可变铺网宽度的熔喷系统，能在各种幅宽要求下使纺丝系统保持在最大产能状态下运行，且不会产生过量的切边废料，这也是降低能耗的有效手段。Biax-Fiberfilm 公司也使用了多排孔（最多有 18 排）的喷丝板，

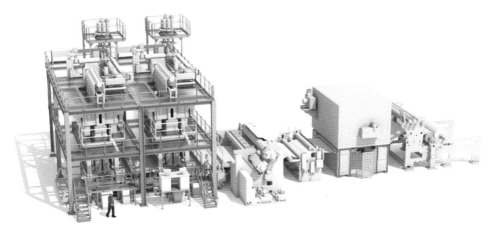

图 3.22　莱芬豪舍纺黏生产线
（图片源自：莱芬豪舍）

孔密度可达 12 000 孔 /m，工作压力为 2.0~12.4 MPa，生产较粗纤维时产量可达常规工艺的 5 倍。美国 Extrution 集团开发了一种新型的熔喷系统，其单位产能达 90 kg/（m·h）[最大可接近 110 kg/（m·h）]，比常规工艺单位产能提高了 80%~100%。该系统喷丝孔直径为 0.1~0.3 mm、长径比为 10~15，孔密度为 1 200~2 000 孔 /m，纺丝组件更换周期为 8~12 周，能在 30 min 内快速完成换板作业。

在国内，温州昌隆纺织科技有限公司（生产线如图 3.23）、宏大研究院有限公司等在双组分纺黏设备和生产以及纺熔复合方面成果显著，申请的"用于生产双组分纺黏非织造材料的设备及制造方法""双组分粗旦纺黏长丝无纺材料""双组分纺黏法纺丝箱体"以及"用于生产双组分纺黏非织造材料的设备"等专利，不仅完善了生产双组分纺黏的设备和工艺，也为连续式生产双组分纺熔复合提供了可能。

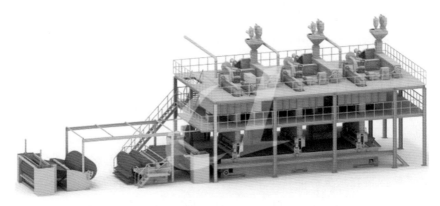

图 3.23　温州昌隆纺织科技有限公的三模头纺黏生产线
（图片源自：温州昌隆）

东华大学非织造研究团队基于国内外纺熔复合成型的相关研究，提出了采用皮芯型双组分聚酯 / 聚烯烃纺黏熔喷复合的方案，并对该复合生产线的设备系统特点、核心部件结构及机理进行深入研究，对于皮芯双组分纺黏技术以及自主研发双组份纺熔生产线具有一定的借鉴意义。大连华阳化纤科技有限公司研发的双组分涤纶（PET/CoPET）多箱体纺黏非织造材料生产线，填补了国内相关技术领域的空白。大连华纶无纺设备工程有限公司研发的双组分纺黏热轧 / 水刺无纺材料生产线，具有完全自主知识产权，工艺技术达到国际先进水平。温州昌隆纺织科技有限公司、宏大研究院有限公司可生产各类幅宽大于 3.5 m 的纺黏、纺熔复合非织造材料设备，如 SSS、SMS、SMMS（图 3.24）、SSMMS 等复合非织造材料成套设备，复合非织造材料生产线的工艺速度可以达到 600 m/min 以上，年产能

超过 1.6×10^4 t，产品具备多种优点。大连华阳化纤科技有限公司研发的高强聚酯纺黏针刺胎基材料生产线，采用管式气流牵伸技术，可以在较低空气压力下，使丝束的牵伸速度达到 4 500 m/min 以上，生产线具有工艺流程短、生产速度高、稳定高效节能等优点。此外，大连华阳化纤科技有限公司还开发出了涤、丙两用纺黏针刺/水刺非织造材料生产线，绍兴利达非织造材料有限公司开发出了采用机械牵伸以及气流分丝技术的涤纶纺黏长丝非织造材料生产线，为我国聚酯纺黏非织造材料的发展提供了技术支持与设备保障。

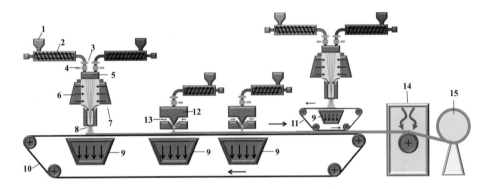

1—料斗；2—螺杆挤出机；3—过滤器；4—计量泵；5—纺丝箱；6—牵伸装置；
7—冷却风；8-分丝；9—抽吸装置；10—成网装置A；11—成网装置B；12—纺丝模头，
13—热空气；14—加固装置；15—成卷装置

图 3.24　SMMS 复合非织造材料成型技术工艺流程

纺黏过滤材料的制备技术研究热点主要在纺黏非织造纤维网固结技术和原料的改性技术两个方面。

针对口罩用材料，用热风加固纺黏非织造纤维网（后文简称纺黏纤网），可大幅度减小口罩的过滤阻力，有效平衡材料的过滤效率与阻力。纺黏纤网在热加固时，主要采用热轧或热风技术。图 3.25 分别为口罩用聚丙烯热轧纺

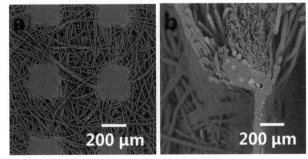

（a）口罩面料的表面　（b）口罩面料的截面

**图 3.25　口罩用聚丙烯热轧纺黏非织造材料
的表面和轧点截面电镜图**

黏非织造材料的表面和轧点截面电镜图，可以明显观察到，聚丙烯纤维经一对轧辊高温高压的共同作用后，长丝发生形变、熔融、互相黏合固结，黏合区域形成类似"薄膜状"的轧点形态，这些热轧造成的密闭膜状结构使得材料的过滤阻力增加。

图 3.26 分别为口罩用聚乙烯／聚丙烯热风纺黏非织造材料的表面和截面电镜图，可以明显观察到，皮芯结构的双组分纺黏纤网利用皮层聚乙烯熔点低的特性，在热气流与气压的作用下皮层组分受热熔融流动，冷却后起到黏合作用，芯层聚丙烯组分形态稳定，纤维网中纤维与纤维在交叉点产生直接"点点熔融"黏合，形成稳定的三维立体蓬松结构，有利于降低材料的过滤阻力。

东华大学非织造研究团队研究发现，相同面密度的双组分纺黏非织造材料，热轧加固后的过滤阻力为 81.3 Pa（此处讨论的过滤性能测试，采用氯化钠气溶胶，质量中值直径为 0.26 μm，几何标准差小于 1.83，气体流量为 32 L/min），过滤效率为 92.3%，而热风加固后的过滤阻力仅为 22.6 Pa，过滤效率为 88.6%，显然，采用热风加固虽然会略微降低材料的过滤效率，但可以大幅度减小材料的过滤阻力。热风加固方法制备的过滤材料手感柔软，与面部皮肤接触时，能明显提高舒适度。

东华大学非织造研究团队设计了系列双组分热风纺黏非织造材料，如图 3.27 所示，（a）为双组分热风纺黏非织造材料的过滤原理示意图，（b）为 NaCl 气溶胶加载测试后双组分纺黏非织造材料的表面照片，（c）、（d）分别为 NaCl 气溶胶加载测试后双组分纺黏非织造材料的电镜图。可以明显看出，NaCl 颗粒累积在双组分纺黏材料的表面，形成白色的滤饼，并且 NaCl 颗粒附着在纤维的四周。

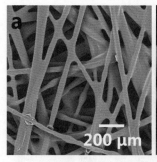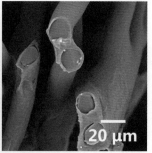

（a）口罩面料的表面　　（b）口罩面料的截面

图 3.26　口罩用聚乙烯／聚丙烯热风纺黏
非织造材料的表面和截面电镜图

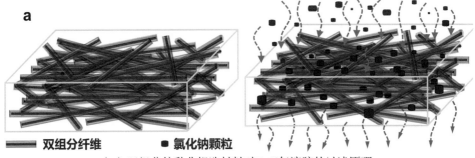

（a）双组分纺黏非织造材料对NaCl气溶胶的过滤原理

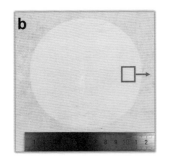

（b）加载测试后双组分纺黏
非织造材料的表面照片

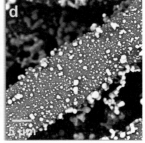

（c）、（d）加载测试后双组分纺黏非织造材料的电镜照片

图 3.27　双组分纺黏非织造材料过滤示意图

上述双组分热风纺黏长丝为皮芯结构，皮层均为聚乙烯，芯层为聚丙烯，皮芯质量比为 50∶50。图 3.28 为系列双组分热风纺黏非织造材料的过滤性能，其中，200 g/m² 双组分热风纺黏非织造材料的过滤效率为（97.02±0.8）%，过滤阻力为（35.14±2.01）Pa，容尘量为（9.36±0.52）g/m²。

纺黏非织造材料的聚乙烯/聚丙烯经过母粒改性技术，即添加改性增能助剂，有利于提高纤维体系的结晶度，并且晶粒的尺寸有所减小。驻极产生的空间电荷主要被捕获在高度有序的晶区或者晶相与非晶相的界面处，另外晶区含有的细微晶粒，当强电流通过驻极材料时，会产生 Maxwell-Wagner 效应，使得晶粒的端面积聚大量相反极性的电荷，形成类似取向极化的极化电荷，晶粒尺寸减小易于被极化，从而产生更多的极化电荷，所以，增能助剂有利于空间电荷和极化电荷的产生和储存。

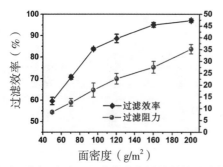

（a）不同面密度双组分纺黏热风材料的过滤效
率与过滤阻力

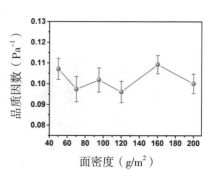

（b）不同面密度双组分纺黏热风材料的
品质因数（Qf）

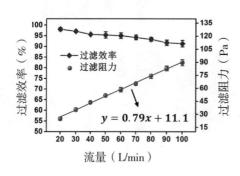

（c）双组分纺黏热风材料（200 g/m²）不同流
量下的过滤效率与过滤阻力

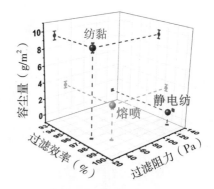

（d）终阻力为1000时，双组分纺黏热风
材料（BCS）、熔喷材料（MB）、静电
纺材料（Elec）的容尘量

图 3.28　系列双组分热风纺黏非织造材料的过滤性能

　　东华大学非织造研究团队设计了系列改性双组分热风纺黏非织造材料，并对
其过滤性能进行了表征，分析了系列改性双组分热风纺黏非织造材料中的驻极电
荷存储机理。图 3.29 为双组分热风纺黏非织造材料的改性方法示意图，设计了 3

PE/PP 双组分纤维

（a）未改性双组分纺黏材料

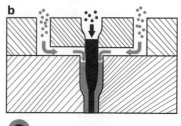

M–PE/PP 双组分纤维

（b）皮层改性双组分纺黏材料

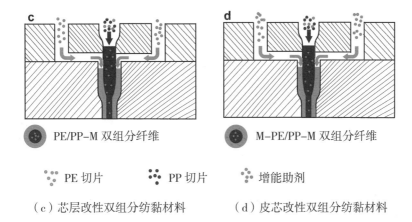

（c）芯层改性双组分纺黏材料　　　（d）皮芯改性双组分纺黏材料

图 3.29　双组分热风纺黏非织造材料的改性方法

种改性方法，即皮层添加增能助剂、芯层添加增能助剂、皮芯层都添加增能助剂。

图 3.30 为系列改性聚乙烯 / 聚丙烯（PE/PP）双组分热风纺黏非织造材料的 C、Mg 元素面扫描图，可以看出，材料经过改性后，Mg 元素均在非织造材料的纤维中存在。

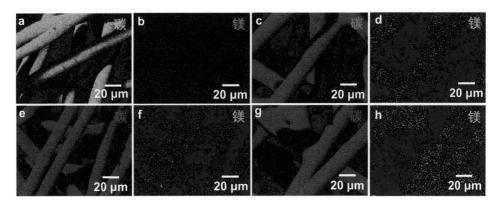

（a）未改性双组分纺黏材料的C元素扫描图（b）未改性双组分纺黏材料的Mg元素扫描图
（c）皮层改性双组分纺黏材料的C元素扫描图（d）皮层改性双组分纺黏材料的Mg元素扫描图
（e）芯层改性双组分纺黏材料的C元素扫描图（f）芯层改性双组分纺黏材料的Mg元素扫描图
（g）皮芯改性双组分纺黏材料的C元素扫描图（h）皮芯改性双组分纺黏材料的Mg元素扫描图

图 3.30　系列双组分纺黏改性材料的元素面扫描图

图 3.31 为改性双组分热风纺黏非织造材料的过滤性能，数据显示，当增能助剂添加于芯层聚丙烯时，纺黏非织造材料的过滤性能最好，品质因数（QF）值最大。

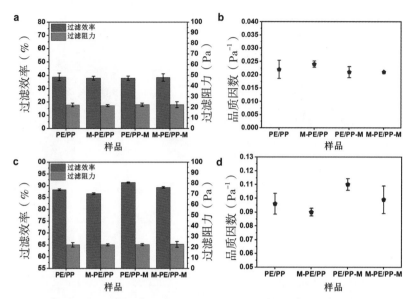

（a）系列双组分纺黏改性材料驻极前的过滤效率与过滤阻力（b）系列双组分纺黏改性材料驻极前的品质因数（c）系列双组分纺黏改性材料驻极后的过滤效率与过滤阻力（d）系列双组分纺黏改性材料驻极后的品质因数

图 3.31 系列改性双组分热风纺黏非织造材料的过滤性能

驻极电荷在改性双组分热风纺黏非织造材料中的存储示意图如图 3.32 所示，描述了表面电荷、空间电荷、极化电荷在材料中的存在形式，热刺激放电图谱显示，芯层改性双组分纺黏材料比未改性双组分纺黏材料电荷更稳定。

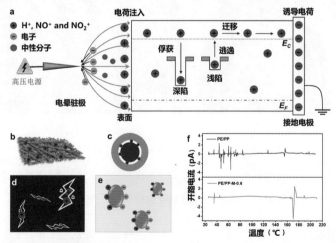

（a）驻极过程中电荷入陷脱陷示意图（b）表面电荷（c）空间电荷（d）聚合物缺陷（e）极化电荷（f）未改性双组分纺黏材料和芯层改性双组分纺黏材料的热刺激放电图谱

图 3.32 驻极电荷存储示意图

　　图 3.33 为系列芯层改性双组分纺黏材料的过滤性能，数据显示，200 g/m² 芯层改性双组分纺黏材料的过滤效率可以达到 98.9%，过滤阻力仅为 37.92 Pa，容尘量为 10.87 g/m²。这种新型的过滤材料有望在防护口罩中将被广泛应用。

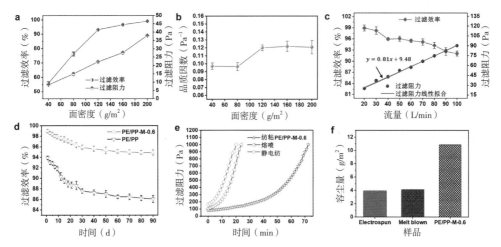

（a）不同面密度芯层改性双组分纺黏材料的过滤效率与过滤阻力（b）不同面密度芯层改性双组分纺黏材料的品质因数（QF）（c）芯层改性双组分纺黏材料不同流量下的过滤效率与过滤阻力（d）未改性双组分纺黏材料和芯层改性双组分纺黏材料 90d 内过滤效率的变化曲线（e）加载过程中，芯层改性双组分纺黏材料、熔喷材料、静电纺材料的过滤阻力变化曲线（f）芯层改性双组分纺黏材料、熔喷材料、静电纺材料的容尘量

图 3.33　系列芯层改性双组分纺黏材料的过滤性能

3.5.3.2 针刺非织造材料及其制备技术

　　针刺非织造材料也是医用防护口罩、劳保口罩和日常防护口罩的重要材料。其主要用在口罩外层纺黏非织造材料和熔喷非织造材料之间，其既要满足防护口罩的支撑需求（图 3.34），还要具有一定的过滤性能。

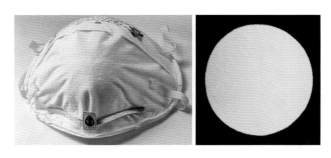

（a）拱形设计的KN95口罩　　　（b）针刺非织造材料

图 3.34　杯状设计口罩与针刺非织造材料

图 3.35 为针刺非织造材料的制备工艺流程，纤维经过混合开松后喂入梳理机中，经梳理后交叉铺网；纤维网再利用预针刺、主针刺加固，采用不同构造的刺针反复穿刺纤网，刺针的倒钩带动纤网中的纤维位移并相互缠绕固结成型，最终制备出针刺非织造材料。

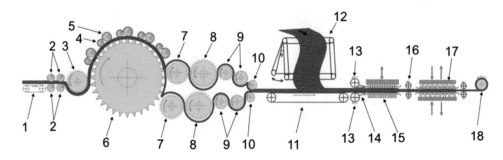

1—喂入网帘；2—喂入罗拉；3—刺辊；4—剥取罗拉；5—工作罗拉；6—锡林；
7—杂乱罗拉；8—道夫；9—凝聚罗拉；10—转移罗拉；11—网帘；12—交叉铺网；
13—压力辊；14—导入装置；15—预针刺；16—转移辊；17—主针刺；18—收卷。

图 3.35　针刺非织造材料的制备工艺流程

随着新型梳理技术的不断涌现，干法非织造专用梳理机的快速发展，干法非织造铺网技术不断改进，非织造生产线实现了高速高产。国外在梳理机方面有着先进而又成熟的技术，如 Autefa 公司的 Injection 射流梳理技术、Andritz 公司（原 Thibeau）的 IsoWeb 型 TT 梳理机（图 3.36~ 图 3.40）、德国 Spinnbau 公司的 HSPRRCC 型杂乱高速梳理机、Trutzschler 公司研制的 TWF–NCT 杂乱高速梳理机，特别是 Andritz 公司最新开发出的空气控制系统提高了铺网速度，可提高交叉铺网 20%~30% 的喂入速度，入网速度可超过 150 m/min 等。近年来，我国干法成网技术发展迅速，双锡林、双道夫高速梳理机的梳理速度已经超过 120 m/min，交叉铺网机入网速度已经超过 90 m/min，且设备智能化程度提高，管理方便，生产高效。以常熟飞龙无纺机械有限公司、郑州纺织机械股份有限公司、常熟伟成非织造成套设备有限公司等为代表的国内公司，已经实现非织造干法成网设备的专业设计与制造。青岛纺织机械股份有限公司的非织造梳理机设备幅宽最大可达 3.8 m，纤维分梳效果好，开停车纤网质量稳定，还可根据客户的要求进行特殊设计。郑州纺织机械股份有限公司研发的棉纤维水刺专用梳理成网设备，将梳棉机与梳理机的结构进行组合，可用于加工纯棉、脱脂棉纤维等不同原料，满足了差异化纤维梳理的需求。常熟伟成非织造成套设备有限公司推出的单锡林双道夫、双锡林双道夫梳理机，工作幅宽大于 3.5 m，可适用于不同细度和长度范围内人造纤维的梳理，交叉铺网机关键部件全部采用自制的碳纤维辊。常熟飞龙无纺机械有限公司、江苏迎阳无纺机械有限公司等公司通过优化纤维输送、气压均匀装置设置等技术环节后设计出新型气流成网机，该设备可保证流体均匀输送纤维以及超薄型成网的均匀性。

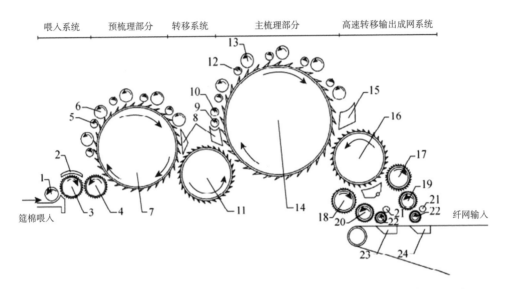

1—喂入网帘；2—上盖板；3—刺辊；4—转移辊；5—胸锡林剥取辊；6—胸锡林工程辊；
7—胸锡林；8，15—挡风板；9，12—主锡林剥取辊；10—主锡林工程辊；11—转移辊；
13—主锡林工程辊；14—主锡林；16—TT辊；17—上道夫；18—下道夫；19—上凝聚辊；
20—下凝聚辊；21—毛刷；22—剥棉辊；23，24—纤网抽吸装置

图 3.36　TT 梳理机结构示意图

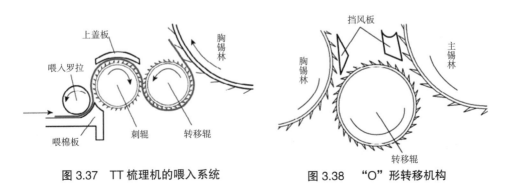

图 3.37　TT 梳理机的喂入系统　　　　图 3.38　"O" 形转移机构

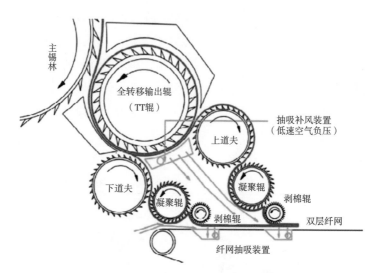

图 3.39　TT 梳理机成网系统及纤维运动流程示意图

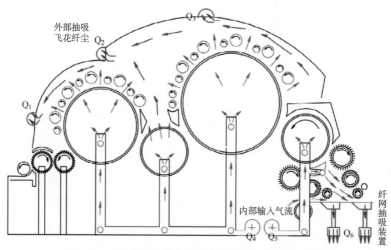

图 3.40　TT 梳理机气流控制系统内气流流动示意图

　　针材料是梳理机的"心脏"，国外针材料生产商主要有瑞士 Graf、英国 ECC、瑞典 ABK、日本 KANAI 以及美国 Hollingsworth 等公司。国内金轮科创股份有限公司在消化吸收国外先进制造设备和工艺的基础上，自主研究制造出了大型针材料齿条制造设备和工艺。近年来非织造针材料新产品不断涌现，质量显著提高，产量成倍增长，除满足我国非织造工业的发展需求外，还可部分出口，缩小了与世界先进技术水平的差距，针材料产品的某些指标已经达到世界先进技术水平，针材料齿条质量优异，仅在耐磨性方面与国外公司有一定差距。河南光山白鲨针材料有限公司近年来推出了多款梳理机针材料产品（图 3.41），并研发出了具有核心竞争力的"大白鲨"保护纤维锥齿技术、"境泉"表面特殊强化处理技术等，促进了我国干法非织造专用针材料技术的发展，对非织造纤维梳理分梳质量的提高具有重要意义。

序号	标准型号	对照型号	⟋	⟋	⟋	⊤	▦	齿型	单件重量（kg）
A	GV5513×06330	GV-404	5.50	13	6.30	3.00	34	▰▰▰	40
B	GV5513×06330	GV-404	5.50	13	6.30	3.00	34	▰▰▰	14.5
C	GV5530×07530	GV-405	5.50	30	7.50	3.00	29	▰▰▰	14.5
D	GV4740×03618	GV-406	4.70	40	3.60	1.80	99	▰▰▰	33
E	GV4720×03618	GV-407	4.70	20	3.60	1.80	99	▰▰▰	83
F	GV4720×03618	GV-407	4.70	20	3.60	1.80	99	▰▰▰	19
G	GV4730×03618	GV-409	4.70	30	3.60	1.80	99	▰▰▰	72
H	GV4740×02510	GV-410	4.70	40	2.50	1.00	258	▰▰▰	32
I	GV3815×03013	GV-414	3.80	15	3.00	1.30	165	▰▰▰	164
J	GV3815×03013	GV-414	3.80	15	3.00	1.30	165	▰▰▰	18
K	GV4235×02512	GV-416	4.20	35	2.50	1.20	215	▰▰▰	143

图 3.41 针布配置
（图片源自：河南光山白鲨针材料有限公司）

目前德国 Dilo 公司的针刺技术处于国际领先水平，其针刺频率已达到 3 500 次 /min，首度推出了 DiloHyperpunch 针刺机，其椭圆形针刺技术具有巨大的技术突破。Hyperlacing 新技术采用新型动力学原理使针板和针梁以圆形轨迹运动，生产速度超过 100 m/min。Dilo 公司的用于生产医疗行业的高档针刺毡及生产碳纤维材料等特殊用途针刺毡的袖珍生产线（Dilo-CompactLine）的最大亮点是采用了 X22 针刺组件技术，该组件技术可以降低植针难度，且植针密度可达 2 万针 /m。Dilo 公司与德国 Fraunhofer 研究院联合开发的 Variopunch 技术以 X22 组件技术为基础，通过改变针的排列方式来消除产品表面上的疵点。原 Fehrer 公司的 H1 Technology 技术不但可以降低能耗，而且节约了投资成本，减少了设备占地面积以及后期的维修费用。Fehrer 公司的椭圆轨迹运动针刺机适用于环状非织造材料产品的固结，可以提高产品表面质量。Autefa 公司近年来推出了 Stylus 针刺机，该针刺机分为有配置和未配置 Variliptic 传动两款机型。此外，Autefa 公司还推出了自动换针器，可在无人工干预的情况下实现全自动换针。德国 Groz-Beckert 公司推出了 Board Master 系统，包括 NeedleMaster 和 BoardScoot 设备，该系统可以提高针板的装运效率。

至 2017 年，国内已有近 20 家专业的非织造针刺设备制造商，其中大部分具备整套针刺法非织造材料生产线的制备能力。国内针刺机结构主要有两种形式：一种是类似于 Fehrer 公司的主轴箱式结构（图 3.42、图 3.43），另一种是类似于 Dilo 公司的无箱齿轮摇杆式结构（图 3.44）。国内非织造针刺设备制造商通过引进、消化与吸收，并根据国内用户使用情况，不断进行技术创新与结构改进，形成了具有我国特色的针刺机结构形式。汕头三辉无纺机械厂有限公司的双针板高频针刺机工作幅宽可达 6.6 m，针刺频率可达 1 450 次 /min，整机高速运转时发热小、振动小、噪音低、不晃动。立体提花针刺机成品幅宽超过 4 m，可用于生产平面提花地毯、立体图形提花地毯、条纹地毯以及高面密度起绒地毯等，产品条纹或图案清晰，无明显针渍针孔。常熟飞龙无纺机械有限公司的四针板同位对刺高速针刺机工作幅宽超过 6 m，植针密度可达每米八千枚（杂乱材料针），针刺形式为四针板同位对刺，不仅提高了针刺效率，减少工艺配台数量，相对节约设备投入，而且可获得更好的针刺效果。常熟伟成非织造成套设备有限公司的碳纤维特种针刺机工作幅宽可达 3 m 以上，产品厚度可达 1.2 m 以上，设备具有纤维毛网均匀性好，碳纤维缠绕抱合率好，加工过程无断针等优点，适用于生产针刺碳纤维材料。青岛纺织机械股份有限公司生产的针刺机幅宽超过 6 m，针刺动程超过 65 mm，设备操作简单，调整方便。起绒针刺机针频超过每分钟两千次，主要用于对针刺基材料进行针刺起绒加工。目前，德国 Dilo 公司和奥地利 Fehrer 公司生产的机型均为国外具有代表性的机型，Dilo 公司针刺机采用的是双主轴开放式，Fehrer 公司采用的是箱体式结构。而国内目前主要生产的机型为单主轴开放式和箱体式结构。例如东华大学在国家科技支撑计划课题"高性能功能性过滤材料关键技术及产业化"等项目的支持下，研究突破了针刺高性能纤维材料及耐高温材料关键制备技术，以及新型滤袋单元及除尘器等系列工程技术，实现了产业化，并推广应用于国内外工业排放高温烟气除尘净化工程。

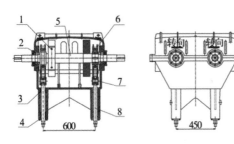

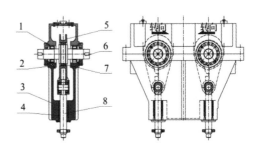

1—配重轮； 2—主轴轴承； 3—导向套；
4—密封圈； 5—主轴； 6—连杆；
7—连杆销； 8—推杆

图 3.42　双轴双板式主轴箱示意图

1—主轴轴承； 2—主轴箱体； 3—导向套；
4—密封圈； 5—连杆； 6—主轴；
7—连杆大轴承； 8—推杆

图 3.43　单体双轴双板式主轴箱示意图

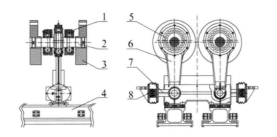

1—轴承座； 2—主轴； 3—配重飞轮；
4—铝型梁； 5—连杆大轴承； 6—连杆；
7—摇杆； 8—齿条座

图 3.44　无箱齿轮摇杆式针刺机示意图

　　单主轴开放式针刺机的特点是结构简单、制造成本低。主轴通过轴承座固定在开放式的机架梁上，各个运动副轴承通过润滑脂来润滑，针刺机针梁的运动导向通过导套来完成，由于工作状态下没有润滑循环系统加上其平衡方式比较简单，以致此种机型的振动比较大，针刺机运转频率比较低，一般为 300~700 次/min。

　　双主轴开放式针刺机的特点是平衡效果好，生产效率高。两根主轴通过减速箱连接同时做反向运动，分别带动两根针梁做上下运动，同等速度下，其生产效率是单针板针刺机的 2 倍。导向机构通过摇臂齿条完成，将导套机构的滑动摩擦转换为滚动摩擦，减少了摩擦生热和噪声，可将针刺频率提高到 1 500~2 500 次/min。但是，其结构较为复杂，对加工精度和装配精度的要求过高，从而为设计和生产带来一定的难度。

箱体式针刺机的特点在于将针刺机主轴单元化，将主轴、连杆、平衡块、飞轮、导柱导套均放于一个密闭的箱体内，通过循环冷却油对各个轴承和导套进行润滑和降温，使其工作频率可以达到 1 200 次 /min，但是由于箱体结构的限制，每个箱体可安装的针板宽度为 1.1~1.4 m，从而对针刺机的幅宽选择上有一定的限制。

刺针是针刺非织造材料生产中的主要器材，其上有弯柄、针杆、中间段、渐变段、针身、刺钩、针尖，针身为刺针的功能段。典型的刺针针身截面形状有圆形、三角形、正方形、菱形等，在一个或多个棱上开有刺钩。刺针在纤网层上下往复高速穿刺的频率通常在 600~2 000 次 /min。刺针的型号、规格、材料及在加工过程中的针刺深度等因素都对针刺产品的结构、质量和性能有很大影响。目前，世界上各种类型、规格的刺针约有 1 500 种。然而，我国针刺刺针产品种类、质量及技术开发创新能力等方面，与国外先进水平相比仍然存在差距，例如国内刺针耐久性较差、加工精度不够高，针刺频率仍无法达到 3 000 次 /min 的要求。东华大学等创新设计出椭圆针叶刺针，实现了低损伤针刺缠结复合技术，显著提高加筋增强基材料强度保持率，延长了耐高温材料使用寿命。圆形 / 椭圆形刺针及通用型刺针的进一步研发、在线更改刺针板技术的不断突破，将大幅提高针刺设备的通用性及耐久性。

随着理论研究与加工技术的发展，为进一步提升针刺非织造材料的性能，研发的关注点主要集中在新原料的使用及其加工技术等方面。选用高介电常数的合成纤维，应用非织造针刺机械运动和气流摩擦技术，通过摩擦中电荷积聚使材料带上静电，可提高材料的过滤吸附微颗粒气溶胶的性能。在材料加工过程中，精确混入适量的聚四氟乙烯膜裂纤维，使用时材料中的聚四氟乙烯纤维与其他纤维、过滤气流不断摩擦起电，纤维能持续性聚集电荷，可帮助材料很好地吸附非油性颗粒物质。东华大学非织造研究团队研究发现：聚四氟乙烯 / 聚丙烯针刺复合材料的过滤效率可以达到 89.4%，过滤阻力仅为 18.6 Pa；未加入聚四氟乙烯膜裂纤维的针刺材料过滤效率仅为 61.8%，过滤阻力与前者比没有显著变化。

采用聚丙烯纤维表面改性与双驻极组合技术，通过对纤维表面能的控制，可提升过滤材料的驻极效果。相关研究发现：聚丙烯针刺非织造材料去除油剂后，体积比电阻增加，介电常数变大，纤维更易聚集大量的正电荷或负电荷，稳定的微电场可以提高材料对微颗粒物的吸附，过滤效率比未处理时高 15% 左右。

通过改性处理，可以提高非织造过滤材料中聚丙烯纤维的结晶度，增加电荷在陷阱中的存储量，延缓电荷衰退。东华大学非织造研究团队研究发现：采用较高结晶度聚丙烯纤维制备的针刺非织造材料，对氯化钠气溶胶过滤效率达到 90.7%，过滤阻力仅为 5.88 Pa；而相同结构由较低结晶度聚丙烯纤维组成的针刺非织造材料的过滤效率仅为 54.6%。

采用上述新技术制备的针刺非织造材料能够用于防护口罩的拱形支撑结构中，并具有超低吸气阻力和显著过滤效率，突破了国内针刺非织造材料过滤效率低、过滤阻力大、容尘量小、使用寿命短的技术瓶颈。

3.5.3.3 熔喷非织造材料及其制备技术

熔喷非织造材料用于防护口罩的核心过滤层，具有纤维细度细、孔径小、比表面积大、孔隙率高等特点。图 3.45 所示为熔喷非织造材料成型工艺流程。聚合物切片从料斗喂入，在螺杆挤出机内熔融混合再经喷丝孔挤出，形成熔体细流，高温、高速的空气从喷丝孔两侧风道吹出，对熔体细流进行牵伸，经过高速牵伸的微细纤维均匀地收集在接收装置上，并依靠自身的残余热量加固，形成熔喷非织造材料。熔喷非织造材料生产过程可扫描二维码观看视频①：熔喷非织造材料生产展示。

熔喷技术的研究方向主要归纳为以下几个方面：

纤维直径纳米化技术。通过改良喷丝板结构设计与选用高熔体指数聚合物切片的方法，减小熔喷材料直径，提高过滤效率。通过设计 3 种特殊喷丝板（长径比分别为 30、50、200，喷丝孔直径分别为 0.304 8、0.177 8、0.127 0 mm），可以制备出纤维直径在 300~500 nm 的聚丙烯熔喷非织造材料。使用熔融指数为 100 g /（10 min）和 300 g /（10 min）的聚丙烯切片，通过在螺杆中注入去离子水 / 压缩空气的方法，可以制备出纤维直径在 438~755 nm 的熔喷材料。

聚合物改性技术。通过无机物 / 有机物改性树脂切片的方法，增强驻极效果，可提高熔喷材料的过滤性能。相关研究发现：树脂经电气石改性后，可提高熔喷纤维的结晶度、表面电压和过滤性能，当电气石质量分数为 3% 时，过滤效率可达到 88.6%；未改性时，过滤效率仅 54.0%。东华大学非织造研究团队研究发现：聚丙烯树脂经增能助剂改性后，制备得到的熔喷纤维结晶速率加快，结晶度变大，晶粒尺寸变小（图 3.46）；面密度为 40 g/m² 的改性熔喷非织造过滤材

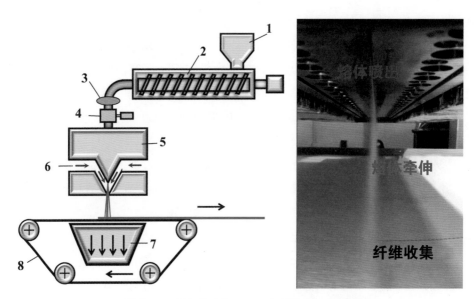

1—料斗；2—螺杆挤出机；3—过滤器；4—计量泵；
5—纺丝模头；6—热空气；7—抽吸装置；8—成网装置

图 3.45　熔喷非织造材料的成型技术工艺图

料，过滤阻力仅为 92 Pa，过滤效率可以达到 99.22%（过滤性能测试时采用的气体流量为 85 L/min），远远低于 GB 2626—2019《呼吸防护自吸过滤式防颗粒物呼吸器》中规定的阻力指标值（210 Pa）。

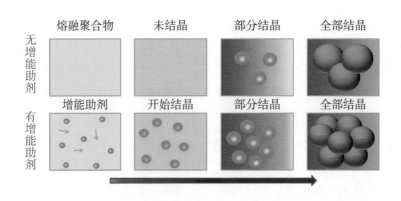

图 3.46　含有增能助剂的聚丙烯熔喷纤维与纯聚丙烯熔喷纤维的结晶过程

东华大学非织造研究团队研究对改性熔喷非织造过滤材料进行了过滤性能表征。如图 3.47（a）所示，随着空气流速增加，过滤阻力遵守达西定律呈线性增加，其中斜率为 0.87。如图 3.47（b）、（c）、（d）所示，随着加载时间增长，过滤效率在开始阶段逐渐下降，一段时间后，过滤效率又逐步上升；随着加载时间增长，过滤阻力一直呈上升趋势，阻力在开始阶段上升的比较平缓，一段时间后，过滤阻力开始快速增长。

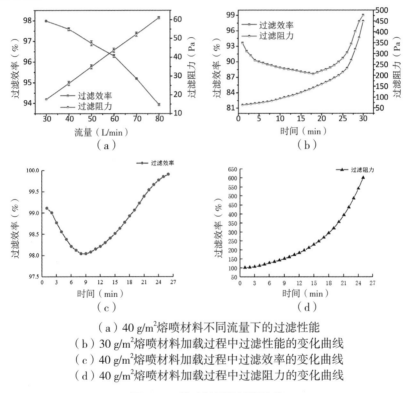

（a）40 g/m² 熔喷材料不同流量下的过滤性能
（b）30 g/m² 熔喷材料加载过程中过滤性能的变化曲线
（c）40 g/m² 熔喷材料加载过程中过滤效率的变化曲线
（d）40 g/m² 熔喷材料加载过程中过滤阻力的变化曲线

图 3.47　熔喷材料的过滤性能

未加载时，熔喷纤维表面比较光滑，观察不到颗粒物〔图 3.48（a）〕。开始加载后，一些颗粒物逐渐累积到材料表面以及内部，这时候颗粒物的存在形式主要表现为依附在纤维上〔图 3.48（b）〕。随着加载继续进行，表面和内部累积的颗粒越来越多，这时颗粒物不但沉积到纤维上，还有部分沉积到原来捕获的颗粒物上，形成"树突"结构并逐渐"生长"〔图 3.48（c）〕，如图中黄色虚线圈内所示。当加载 30 min 后，材料内部的一些孔洞已经完全被沉积的颗粒物堵塞，表面上沉积的颗粒也越来越多〔图 3.48（d）〕。

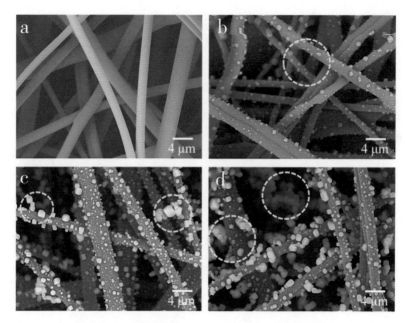

（a）0 min   （b）10 min   （c）20 min   （d）30 min

图3.48　熔喷材料不同加载时间的表面电镜照片

东华大学非织造研究团队将2011年制备的增能助剂改性熔喷驻极材料（面密度为50 g/m²）进行时效比对实验，结果显示：存储前过滤效率为99.4%（气体流量为85 L/min），过滤阻力为107.2 Pa；试样经8年密封储存后，2019年测得的过滤效率为97.05%，过滤效率值下降小于3%，过滤阻力为109.8 Pa，基本保持不变，表明驻极效果非常稳定，能够充分满足防护口罩长期战略储备的需求。

3.5.3.4　驻极处理技术

在非织造材料的产业化生产中，驻极处理技术尤为重要。这是因为驻极处理技术不会影响材料的结构，即在不增加过滤阻力的情况下，能够显著提高材料的过滤效率。驻极技术种类较多，其中电晕驻极技术最为常见，口罩用的关键材料是熔喷法生产的聚丙烯驻极体非织造材料。与其它材料相比，它具有高效率、低阻力、除尘灭菌的功能，其主要原因是纤维中带有电荷，并具有很好的荷电稳定性。电荷流动时没有阻力的物质叫"超导体"，电荷完全不能流动的物质叫"驻极体"。

电荷的产生指的是电子与质子的分离，其方法有很多，例如电场的作用、摩擦起电、接触起电等。聚丙烯熔喷非织造材料荷电技术中常用的电晕放电，就是在强电场的作用下，原本电中性的空气发生电离，带负电的电子向电场的正极移动，带正电的质子（或离子）向负极移动。如将熔喷非织造材料放置在这样的电场中，就可形成驻极体非织造材料。聚丙烯是一种高绝缘聚合物，其表面的电荷几乎不能流动。在电场的作用或摩擦和干燥条件下带上电荷后，非常容易聚集。这是聚丙烯被选做荷电口罩布的一个重要原因。

图 3.49 示出了典型的电晕驻极原理。图中采用的是针尖放电。利用一个非均匀电场引起空气局部放电，产生的粒子束轰击过滤材料，并使电荷大量沉积在纤维上。

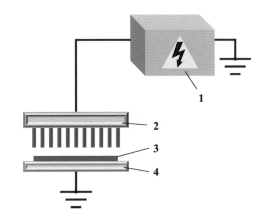

1—高压电源；2—驻极针板；3—待驻极材料；4—铜板

图 3.49　电晕驻极原理图

聚丙烯熔喷非织造材料分别在 75 ℃和 20 ℃的环境下驻极（驻极电压均为 10 kV），研究发现，熔喷非织造材料在 75 ℃环境中驻极效果更好，表面电压更高，电荷衰减更慢。原因主要有三点：温度越高，驻极电荷可以从"浅阱"移动到"深阱"中，使电荷存储更加稳定；温度升高后可提高电荷迁移率，使更多的电荷存储到材料内部，提高电荷存储量；加热状态下可以降低空气湿度，延缓电荷衰减。

东华大学非织造研究团队研究发现，在电晕驻极过程中，驻极电极和熔喷非织造材料之间的区域会产生一种"电晕蓝光"现象（图 3.50）。驻极电压的差异引起了不同强度的"电晕蓝光"，电晕驻极材料的过滤效率与"电晕蓝光"强度呈线性增加的关系。在实际生产中，可通过在线控制"电晕蓝光"的强弱，来预测材料的过滤性能，通过光学成像技术可以实现智能化生产。

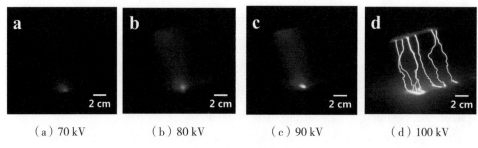

（a）70 kV　　　（b）80 kV　　　（c）90 kV　　　（d）100 kV

图 3.50 "电晕蓝光"现象

　　水驻极技术与热气流驻极技术比较新颖，图 3.51 示出新型水驻极原理。采用经过特殊处理的水溶液，从喷雾装置中喷出，雾状液滴在喷射力和抽吸风装置双重作用下，高速通过具有弯曲通道的纤维网，水雾和热空气流体对纤维进行充分摩擦，由摩擦起电产生的电荷沉积在材料的纤维内部。通过离线式水驻极方法，制备出面密度为 50 g/m^2 的熔喷驻极材料，其过滤阻力为 81.6 Pa，过滤效率达到 95%，且过滤效率能保持 13 周不产生明显下降。东华大学非织造研究团队最新研究发现，普通聚丙烯纤维梳理针刺非织造材料经水驻极处理后，试样的过滤效率可从 48.7% 提高到 85.6%。

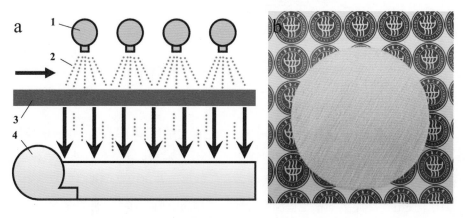

（a）水驻极原理图，1—喷雾装置；2—水雾；3—待驻极材料；4—抽吸装置
（b）普通聚丙烯针刺非织造材料

图 3.51　水驻极原理与样品

　　图 3.52 示出了热气流驻极原理。利用脉冲热空气高速穿透纤维网，造成纤维与纤维震动摩擦、纤维与气流摩擦产生电荷，形成微电场，有效地吸附微细颗粒物。东华大学非织造研究团队最新研究发现，含有一定量聚四氟乙烯纤维的聚

丙烯针刺非织造材料经热气流驻极处理后，过滤效率可从 40.3% 提高到 75.5%。

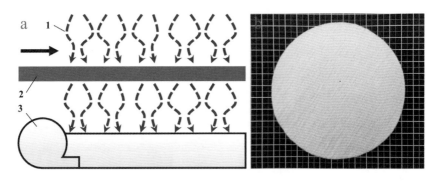

（a）热气流驻极原理图，1—热空气；2—待驻极材料；3—驻极装置
（b）含有一定聚四氟乙烯纤维的聚丙烯针刺非织造材料

图 3.52　热气流驻极原理与样品

电晕驻极产生的电荷主要存储在材料表面和近表面；水驻极和热气流驻极产生的电荷主要存储在材料的内部。电晕驻极技术与水驻极和热气流驻极技术相结合，多重驻极处理技术可大大增加过滤材料携带的电荷量，提高过滤材料的综合性能。

3.5.4　口罩的制备流程与设备

口罩生产一般需要口罩成型、压合、切边、呼吸阀焊接（如有）、耳带点焊、鼻梁条线贴合、呼吸阀冲孔（如有）、包装、灭菌、解析（EO 灭菌）、包装等工艺流程。

口罩的生产设备主要分为平面口罩机、杯状口罩机和折叠口罩机三大类。本文以东莞市利瀚机械有限公司口罩生产为例。该公司是我国大型的超声波设备生产企业，经过多年生产实践和研发，在行业内形成较为完善的超声波设备研发、生产体系，主营设备：全自动平面口罩机、杯状口罩机、折叠口罩机、异性口罩机等整厂口罩设备生产线，可为客户量身制定口罩生产系统解决方案。

3.5.4.1　平面口罩机

平面口罩机是生产医用口罩的机器设备，平面口罩一般是由内外两层纺黏非织造材料和中间熔喷材料经超声波焊接组合而成，鼻梁条处采用环保型全塑条。

外耳带平面口罩机由四台设备通过连线组成，如图 3.53（a）所示分别是有：

一台本体制造机和三台口罩外耳带焊接机，俗称一拖三。该机从原料进入、自动打片、自动移动、自动分列、自动上耳带，到成品输出，全自动化制作，一机完成口罩的数道生产工艺，减少口罩在生产过程中接触人体，从而达到行业监测标准。设备的特点：（1）设备运行稳定，可长时间连续运作，产品合格率高；（2）设备全自动化，运行流畅，产品制作稳定，节省人工；（3）结构合理，规格可调，口罩外形美观，切边均匀，焊带结实；（4）工艺成熟，品质稳定，效率高。该设备的生产效率为 200~260 只 /min。

（a）外耳带平面口罩机　　　　　　（b）外耳带口罩

图 3.53　外耳带平面口罩机与外耳带口罩

（图片源自：东莞市利瀚机械有限公司）

如图 3.55 所示，内耳带平面口罩机从原料进入到成品输出，全自动作业，减少口罩在生产过程人体的接触，实现口罩由原料到成品，整机实现全自动化作业，效率比传统设备高，省人工。设备的特点：① 设备运行稳定，长时间连续运作，产品合格率高；② 设备全自动化，运行流畅，产品制作稳定，节省人工；③ 结构合理，规格可调，折皱任意变换，大小均匀，焊带结实；④ 整机 85% 的原装外购配件，设备品质稳定。该设备的生产效率为 230~260 只 /min。平面式口罩的生产流程如图 3.55 所示，可扫描二维码观看视频②：口罩生产流程展示。

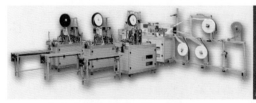 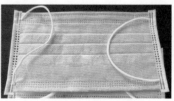

（a）内耳带平面口罩一体机　　　　　　（b）内耳带口罩

图 3.54　内耳带平面口罩机与内耳带口罩

（图片源自：东莞市利瀚机械有限公司）

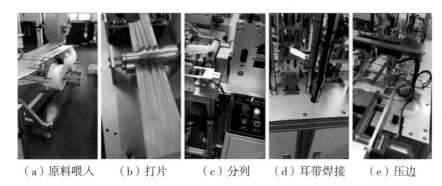

（a）原料喂入　　（b）打片　　（c）分列　　（d）耳带焊接　　（e）压边

图 3.55　平面口罩生产流程图

3.5.4.2 杯状口罩机

杯状口罩是将多层非织造材料经过热压、折叠成型、超声波切除、废料切除、耳带鼻梁条焊接等工序制造出的具有一定过滤性能的口罩。

如图 3.56 所示，全自动杯状口罩一体机由国内自主研发，实现生产过程全自动化控制。该机原材料自动入料，口罩本体恒温定型，不损材质，压合牢固，自动移位冲切，切边齐整；口罩本体自动移位后自动进行鼻梁条焊接、自动印刷 LOGO、自动冲孔边、自动呼吸阀焊接、自动耳带点焊，实现口罩自动化出成品，整机实现自动化作业。效率高于传统制造。杯状口罩生产流程如图 3.57 所示。设备的特点：①一体式设计，原料进入成品输出，全自动作业；②自动恒压定型，不伤材质；③伺服移位，定位准，切边圆滑；④数道工艺一体制作，设计合理，效率高。该设备的生产效率为 10~20 件 /min。

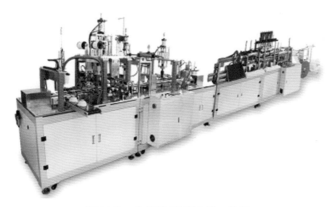

图 3.56　全自动杯状口罩一体机

（图片源自：东莞市利瀚机械有限公司）

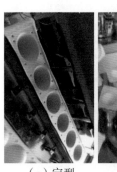

（a）定型　　　（b）冲切　　　（c）呼吸阀冲孔　　（d）耳带焊接　　（e）鼻梁条焊接

图 3.57　杯状口罩生产流程图

全自动杯状口罩耳带打钉一体机如图 3.58 所示。该机一次可定型三个口罩，定型过程中材料不会因为拉扯而起皱或变形，超声波大功率焊接口罩周边、五金刀模冲切口罩，可冲切 500 万次，采用真空吸的方式位移至后段进行自动鼻梁条焊接、自动印刷 LOGO、自动冲孔、自动呼吸阀焊接、自动耳带打钉等工序，实现口罩自动化出成品，整机实现自动化作业。设备操作简单，效率高于传统设备。该设备的特点：①整机全自动化作业，操作简单，设备运转稳定，省人工，不浪费原材料。②设备从口罩定型、周边焊接、刀模冲切、鼻梁条焊接、呼吸阀冲孔及焊接、耳带打钉、机械手自动抓取口罩产品实现自动化流程作业。③口罩成品过滤效率高，密封性好。④自动送耳带打钉，打钉后平整不透光。该设备的生产效率为 10~12 只 /min。

图 3.58　全自动杯状口罩耳带打钉一体机
（图片源自：东莞市利瀚机械有限公司）

3.5.4.2 折叠口罩机

折叠口罩是将多层非织造材料依次叠合后经超声波黏合，并剪切出过滤性能显著的口罩。折叠式口罩便于携带，配合优良的鼻夹和耳带，可以保证与脸部的良好密合。

全自动折叠口罩一体机（图 3.59）从原材料输入到产品输出全自动化。其中包含的制作工序有自动印刷、埋鼻梁条、折叠成型和耳带焊接。设备通过伺服送料，定位系统与每个制作工位的配合，高质量的生产出折叠口罩。为了满足市场需求，可以根据产品的要求对模具进行调整，以生产出各式各样的折叠式口罩。折叠口罩的生产流程如图 3.60 所示。该设备的特点：①全自动化折叠式口罩设备，利用伺服程序控制完成从原材料到成品输出的自动化作业；②设计理念成熟，可生产各种款式折叠式口罩；③效率高，折叠成型准确，耳带焊接美观，拉力强劲，自动埋鼻梁条，自动印刷；④设备运行稳定、可长时间连续运行，产品合格率达98%；⑤设备全自动化控制，生产过程运行流畅，产品制作稳定；⑥产品品质稳定，该设备的生产效率为 45~55 只 /min。

图 3.59　全自动折叠口罩一体机
（图片源自：东莞市利瀚机械有限公司）

（a）结构设计　（b）耳带焊接　（c）超声波焊接　（d）折叠成型　（e）成品输出

图 3.60　自动折叠口罩生产流程图

实用型折叠上带一体机（图 3.61）也是程序控制完成自动化生产，生产流程与全自动折叠口罩一体机类似。该设备的生产速度为 25~35 只 /min。

图 3.61 实用型折叠上带一体机
（图片源自：东莞市利瀚机械有限公司）

GB 19083—2010《医用防护口罩技术要求》、YY 0469—2011《医用外科口罩》、YY/T 0969—2013《一次性使用医用口罩》和 GB/T 32610—2016《日常防护型口罩技术规范》对产品的微生物指标和环氧乙烷残留量均提出了要求。企业需根据实际产品生产情况进行灭菌、解析，医用口罩如采用灭菌则需在产品上标明无菌，并注明灭菌方法和灭菌有效期。

灭菌一般分为环氧乙烷（EO）灭菌和辐照灭菌两种方式，但辐照灭菌对熔喷过滤材料的性能影响较大，因此强烈建议采用环氧乙烷对口罩进行灭菌处理。灭菌后口罩上会有环氧乙烷残留，必须通过解析的方式使得口罩上残留的环氧乙烷释放，从而使残留达到安全含量标准。目前，灭菌后解析期通常是 7~14 d，能够确保口罩中残留环氧乙烷含量低于 10 μg / g 的安全标准，天气越冷环氧乙烷越不容易解析。

3.6 国内外口罩的相关标准

3.6.1 国内口罩相关标准

我国关于成人口罩产品主要有 6 项标准。3 项属于医用领域标准，包括 GB 19083—2010《医用防护口罩技术要求》、YY 0469—2011《医用外科口罩》、YY/T 0969—2013《一次性使用医用口罩》，主要适用于医疗领域；1 项属于工业领域标准，为 GB 2626—2019《呼吸防护 自吸过滤式防颗粒物呼吸器》，主要适用于工业作业场所；1 项属于民用口罩标准为 GB/T 32610—2016《日常防护型口罩技术规范》，主要针对空气质量污染环境；1 项为最新团体标准，为 T/CNTAC 55—2020 T/CNITA 09104—2020《民用卫生口罩》，主要适用非医用口罩。具体标准内容如下：

GB 19083—2010《医用防护口罩技术要求》于 2010–09–02 发布，2011–08–01 实施。该标准适用于医疗工作环境下，过滤空气中的颗粒物，阻隔飞沫、血液、体液、分泌物等的自吸过滤式医用防护口罩。该类型口罩的主要指标包括颗粒过滤效率、气流阻力、合成血液穿透阻力、表面抗湿性、微生物指标、环氧乙烷残留量、阻燃性能、皮肤刺激性和密合性等。口罩需要经过温度预处理，条件为：① （70 ± 3）℃环境试验箱中放置 24 h；② （−30 ± 3）℃环境试验箱中放置 24 h。在气体流量为 85 L/min 的情况下，口罩依据非油性颗粒物过滤效率分级，1 级 ≥ 95%，2 级 ≥ 99%，3 级 ≥ 99.97%。在气体流量为 85 L/min 情况下，口罩的吸气阻力不得超过 343.2 Pa。2 mL 合成血液以 10.7 kPa 压力喷向口罩，口罩内不应出现渗透。

YY 0469—2011《医用外科口罩》为行业标准，于 2011–12–31 发布，2013–06–01 实施。该标准适用于临床医务人员在有创操作等过程中佩戴的一次性口罩。该类型口罩的主要指标包括细菌过滤效率、颗粒过滤效率、压力差、合成血液穿透、微生物指标、环氧乙烷残留量、阻燃性能、皮肤刺激性、细胞毒性、迟发性超敏反应等。口罩需要放置于相对湿度为（85 ± 5）%，温度为（38 ± 2.5）℃的环境中（25 ± 1）h 进行预处理。在气体流量为（30 ± 2）L/min 的情况下，口罩对非油性颗粒物过滤效率应不小于 30%。在气体流量为 8 L/min、测试面积为 4.9 cm² 的情况下，口罩两侧面进行气体交换的压力差应不大于 49 Pa/cm²。口罩的细菌过滤效率应不小于 95%。2 mL 合成血液以 16.0 kPa 压力喷向口罩外侧，口罩内不应出现渗透。

YY/T 0969—2013《一次性使用医用口罩》为行业标准，于 2013–10–21 发布，2014–10–01 实施。该标准适用于覆盖使用者的口、鼻及下颚，用于普通医疗环境中佩戴、阻隔口腔和鼻腔呼出或喷出污染物的一次性使用口罩，不适用于作为医用防护口罩、医用外科口罩。该类型口罩的主要指标包括细菌过滤效率、通气阻力、微生物指标、环氧乙烷残留量、皮肤刺激性、细胞毒性、迟发性超敏反应等。在气体流量为 8 L/min、测试面积为 4.9 cm² 的情况下，口罩两侧面进行气体交换的通气阻力应不大于 49 Pa/cm²。口罩的细菌过滤效率应不小于 95%，对颗粒物过滤效率没有要求，所以不适用于民用防护口罩。

GB2626—2019《呼吸防护　自吸过滤式防颗粒物呼吸器》于 2019-12-31 发布，2020-07-01 实施。该标准适用于防护颗粒物的自吸过滤式呼吸器，不适用于防护有害气体和蒸气的呼吸器，不适用于缺氧环境、水下作业、逃生和消防用呼吸器。该类型口罩的主要指标包括过滤效率、泄漏性、呼吸阻力、呼气阀、气密性等。口罩需要经过温湿度预处理，条件：①在（38±2.5）℃和（85±3）% 相对湿度环境放置（24±1）h；②在（70±3）℃ 干燥环境下放置（24±1）h；③在（-30±3）℃ 环境下放置（24±1）h。在气体流量为 85 L/min 情况下，口罩依据氯化钠颗粒物过滤效率分级，KN90 ≥ 90.0%，KN95 ≥ 95.0%，KN100 ≥ 99.97%；口罩依据邻苯二甲酸二辛酯或性质相当的油类颗粒物过滤效率分级，KP90 ≥ 90.0%，KP95 ≥ 95.0%，KP100 ≥ 99.97%。在气体流量为 85 L/min 情况下，口罩的吸气阻力和呼气阻力应符合表 3.2 的要求。

表 3.2　吸气、呼气阻力要求

口罩类别	吸气阻力（Pa）			呼气阻力（Pa）
	KN90 和 KP90	KN95 和 KP95	KN100 和 KP100	
随弃式口罩，无呼气阀	≤ 170	≤ 210	≤ 250	同吸气阻力
随弃式口罩，有呼气阀	≤ 210	≤ 250	≤ 300	≤ 150
包括过滤元件在内的可更换式半面罩和全面罩	≤ 250	≤ 300	≤ 350	≤ 150

GB/T 32610-2016《日常防护型口罩技术规范》于 2016-04-25 发布，2016-11-01 实施。该标准适用于在日常生活中空气污染环境下滤除颗粒物所佩戴的防护型口罩，不适用于缺氧环境、水下作业、逃生、消防、医用及工业除尘等特殊行业用呼吸防护用品，也不适用于婴幼儿、儿童呼吸防护用品。该类型口罩的主要指标包括过滤效率、呼吸阻力、微生物指标等。口罩需要经过温湿度预处理，条件为：①在（38±2.5）℃和（85±3）% 相对湿度环境下放置（24±1）h；②在（70±3）℃干燥环境下放置（24±1）h；③在（-30±3）℃

环境下放置（24±1）h。在气体流量为 85 L/min 情况下，口罩依据过滤效率分级，Ⅰ级需要满足，对盐性介质过滤效率≥99%，对油性介质过滤效率≥99%；Ⅱ级需要满足，对盐性介质过滤效率≥95%，对油性介质过滤效率≥95%；Ⅲ级需要满足，对盐性介质过滤效率≥90%，对油性介质过滤效率≥90%。口罩的防护效果由高到低分为 A、B、C、D 级，各级口罩适用的环境空气质量分别为严重污染、严重及以下污染、重度及以下污染、中度及以下污染。各级口罩在相对应的空气污染环境下应能降低吸入的颗粒物（PM）浓度至≤75 μg/m（空气质量指数类别良及以上）。当口罩防护效果级别为 A 级，过滤效率应达到Ⅱ级及以上；当口罩防护效果级别为 B、C、D 级，过滤效率应达到Ⅲ级及以上。在气体流量为 85 L/min 的情况下，口罩的吸气阻力不得超过 175 Pa，口罩的呼气阻力不得超过 145 Pa。

3.6.2《民用卫生口罩》团体标准

本次新型冠状肺炎疫情来势迅猛，短时间内引发了大量口罩需求，同时也显现出口罩标准方面的新问题。新冠病毒肺炎疫情暴发前，我国关于口罩产品主要的 5 项标准，3 项属于医用领域（GB 19083—2010《医用防护口罩技术要求》、YY 0469—2011《医用外科口罩》、YY/T 0969—2013《一次性使用医用口罩》），1 项属于民用领域（GB/T 32610—2016《日常防护型口罩技术规范》，1 项属于工业领域（GB2626—2019《呼吸防护 自吸过滤式防颗粒物呼吸器》）。其中，医用口罩对生产条件、资质以及适用范围有严格规定，且主要针对医护人员，2018年统计显示，我国医护人员的总数达到 1 230 万余人，占总人口数的 0.88%。在疫情暴发之后随之而来的复工、复产、复学过程中，口罩佩戴者主要是普通民众。然而，除了医用口罩标准，另外两项标准主要分别针对空气质量污染环境以及工业作业场所，两者对于颗粒物的防护相对较高。此外，普通民众不应占用医用口罩资源，并且医用口罩产能也无法满足需求量，因此由疫情防控需求而出现的大量非医用普通口罩，存在无标可依的现象，不利于大众消费者的选用和市场监管，不利于疫情防控和保障普通消费者的身体健康安全。

在目前疫情防控的关键时期，以及疫情结束后人民卫生意识的提升，上述非医用普通口罩仍将在大众日常生活中继续存在，起到防止飞沫、细菌、花粉等卫生防护作用。因此，为更好地满足民众对卫生口罩的迫切需求，便于在紧急情况下口罩生产/转产企业的采标应用，保证产品质量，便于政府进行市场监管，

《民用卫生口罩》团体标准紧急立项。

《民用卫生口罩》团体标准适用于日常环境中普通人群用于阻隔飞沫、花粉、微生物等颗粒物传播的民用卫生口罩，不适用于年龄在 36 个月及以下婴幼儿。该团体标准的主要指标包括细菌过滤效率、颗粒物过滤效率、通气阻力、阻燃性能、微生物指标、环氧乙烷残留量、染色牢度（耐干摩擦）、甲醛含量、pH 值、可分解致癌芳香胺染料等。

该标准的细菌过滤效率指标参考了 YY 0469—2011《医用外科口罩》，规定细菌过滤效率不低于 95%，满足普通消费者佩戴口罩后对细菌防护的需求。颗粒物过滤效率是国际上通用的呼吸用过滤材料评价指标，该标准参考了 YY 0469—2011《医用外科口罩》，结合本标准适用范围以及熔喷滤材技术水平，规定颗粒物过滤效率不低于 90%。通气阻力为测试颗粒物过滤效率的同时记录，并将成人用口罩材料通气阻力定为 ≤ 49 Pa；根据目前国内口罩滤材技术水平，考虑到儿童生理情况，将儿童用口罩材料的通气阻力定为 ≤ 30 Pa，儿童口罩相关的指标将在第四章中详细介绍。《民用卫生口罩》团体标准性能要求见表 3.3。

表 3.3 《民用卫生口罩》团体标准性能要求

项目	要求
	成人用口罩
鼻夹长度（cm）	≥ 8.0
口罩带与口罩体连接断裂强力（N）	≥ 5
细菌过滤效率（%）	≥ 95
颗粒物过滤效率（非油性）（%）	≥ 90
通气阻力（Pa）	≤ 49
耐干摩擦染色牢度 / 级	≥ 3
环氧乙烷残留量（μg/g）	≤ 10
甲醛含量（mg/kg）	≤ 20
pH 值	4.0~8.5
可分解致癌芳香胺染料（mg/kg）	禁用

3.6.3 国外标准

① 美国职业安全与卫生研究所 NIOSH（The National Institute for Occupational Safety and Health）是一个联邦机构，对各种各样的安全和健康问题进行研究，为 OSHA 提供技术上的协助，推荐标准给 OSHA 负责科学研究并提出建议，以预防职业病及工伤。NIOSH 隶属于美国卫生与人事部的疾病控制与预防中心（CDC）。美国 NIOSH 标准对口罩的滤网材质和过滤效率进行了分级。该标准在全世界具有高认可度。按口罩中间层的滤网材质分为 N、R、P 三个系列，根据过滤效率每一系列又可分为三个级别。N 用于可防护非油性悬浮微粒，通常非油性颗粒物指煤尘、水泥尘、酸雾、微生物等，说话或咳嗽产生的飞沫不是油性的。目前肆虐的雾霾污染中，悬浮颗粒也多是非油性的。油性颗粒物指油烟、油雾、沥青烟等，如炒菜产生的油烟是油性颗粒物。R、P 系列用于可防护非油性及含油性悬浮微粒，相比于 R 系列，P 系列使用的时间相对较长，具体可使用时间要看制造商的标注。N95 口罩就是 N 系列中过滤效率 ≥ 95% 的一类口罩，并经佩戴者脸庞紧密度测试，确保在密贴脸部边缘状况下，空气能透过口罩进出，符合此测试的才颁发 N95 认证号码。防"非典"特殊时期，世界卫生组织临时推荐医务人员使用美国 NIOSH 认证的 N95 口罩。N95 口罩不等于医用防护口罩，医用防护口罩规定口罩的过滤效果要达到 N95 要求，且具有表面抗湿性和血液阻隔能力。

② 美国材料实验协会 ASTM（American Society of Testing Materials）是美国历史最悠久、最大的非盈利性标准学术团体之一。ASTMF 2100 标准是一个医用标准，核心指标见表 3.4。该标准将口罩分为三个等级：低防护（Level1）、中防护（Level2）和高防护（Level3）。级别越高，防护性能越好。Level1 和 Level2 口罩通常叫医用普通口罩；Level3 口罩可在手术室内使用，也叫医用外科口罩。接触病毒的机会特别大时，应选择级别更高的防护。ASTM 认证需要口罩在细菌过滤效率、颗粒过滤效率、合成血液穿透阻力和压力差四个方面都达到相关标准。Level1 能阻挡 95% 的细菌微粒，即使只达到低防护标准，就已经足够保护一般社区使用者；Level2 与 Level3（中至高防护标准）则需要口罩阻挡至少 98% 细菌和微粒，压力差方面则只需低于 49.0 Pa/cm^2，中、高防护标准主要的区别在于高防护（Level3）标准对于阻挡液体能力的要求更高。医用 N95 口罩需要既满足 FDA Surgical Masks–Premarket Notification Submissions Guidance forIndustry and FDA Staff 标准，同时也要满足 NIOSH 对于 N95 口罩的要求，需要对合成血液穿透和

表面抗湿性等进行测试。

③ 欧盟对于口罩（Conformite Europeenne，CE）认证的标准包括 EN 140、EN 14387、EN 143、EN 149、EN 136，其中 EN 149 使用得较多，为可防护微粒的过滤式半口罩，兼顾油性和盐性颗粒物，粒子穿透率分为 P1（FFP1）、P2（FFP2）、P3（FFP3）三个等级，FFP1 最低过滤效果 ≥ 80%，FFP2 最低过滤效果 ≥ 94%，FFP3 最低过滤效果 ≥ 97%。

④ 欧盟医疗口罩必须遵循 EN14683 标准（Medical Face Masks – Requirements and Test Methods），核心指标见表 3.4。该标准分为三个等级，Type Ⅰ 细菌过滤效率 ≥ 95%，Type Ⅱ 细菌过滤效率 ≥ 98%，Type Ⅱ R 细菌过滤效率 ≥ 98%。该类型口罩的主要指标包括细菌过滤效率、颗粒过滤效率、气流阻力、合成血液穿透阻力和阻燃性能等。Type Ⅰ、Type Ⅱ 对合成血液渗透性无要求，Type Ⅱ R 需要满足将合成血液以 16.0 kPa 压力喷向口罩外侧，口罩内不应出现渗透。上一个版本是 EN 14683 : 2014，已被新版 EN 14683 : 2019 所取代，2019 年版主要的变化之一是压力差，Type Ⅰ、Type Ⅱ、Type Ⅱ R 压力差分别由 2014 年版的 29.4、29.4、49.0 Pa/cm^2，上升至 40、40、60 Pa/cm^2。

⑤ AS/NZS 1716 : 2012 是澳大利亚和新西兰的呼吸保护装置标准，该标准规定了防颗粒口罩制造过程中必须使用的程序和材料，以及确定的测试和性能结果，以确保其使用安全。该标准分为三类，P1：最低过滤效果 ≥ 80%；P2：最低过滤效果 ≥ 94%；P3：最低过滤效果 ≥ 99%。

⑥ 澳洲的医用口罩标准为 AS 4381 : 2015，核心指标见表 3.4。该标准依据核心指标分为 Level1 ≥ 95%、Level2 ≥ 98%、Level3 ≥ 98%。Level1 需要满足将合成血液以 80 mmHg 压力喷向口罩外侧，口罩内不应出现渗透。Level2 需要满足将合成血液以 120 mmHg 压力喷向口罩外侧，口罩内不应出现渗透。Level3 需要满足将合成血液以 160 mmHg 压力喷向口罩外侧，口罩内不应出现渗透。

⑦ 日本 JIST8151 : 2018 标准是呼吸保护装置的标准，也是日本厚生劳动省（MHLW）验证标准，常见的过滤规格见表 3.5。韩国的 KF 系列口罩标准是由韩国的食品药品管理部门发布的韩国主流口罩标准。KF 系列分为 KF 80、KF 94、KF 99。要求过滤效率，KF 80：≥ 80%（仅盐性介质）；KF 94：≥ 94%（油性和盐性介质）；KF 99：≥ 99%（油性和盐性介质）。

表 3.4　中国、美国、欧洲、澳洲医用口罩核心指标

指标	中国			ASTM F 2100—11			EN 14683—2019			AS 4381:2015		
	1*	2*	3*	Level1	Level2	Level3	Type I	Type II	Type II R	Level1	Level2	Level3
细菌过滤效率（%）	≥95	≥95	-	≥95	≥98	≥98	≥95	≥98	≥98	≥95	≥98	≥98
颗粒过滤效率（%）	—	≥30	≥95	≥95	≥98	≥98						
血液合成穿透压力（kPa）	—	16.0	10.7	10.7	16.0	21.3	—	—	16.0	10.7	16.0	21.3
透气阻力（Pa）	≤49	≤49	≤343.2	<39.2	<49.0	<49.0	<40	<40	<60	<39.2	<49.0	<49.0

备注：1* 为 YY/T 0969—2013《一次性使用医用口罩》；2* 为 YY 0469—2011《医用外科口罩》；3* 为 GB 19083—2010《医用防护口罩技术要求》

表 3.5　日本、韩国口罩核心指标

日本	盐性颗粒	RS1 ≥ 80%	RS2 ≥ 99%	RS3 ≥ 99.9%
	油性颗粒	RL1 ≥ 80%	RL2 ≥ 99%	RL3 ≥ 99.9%
	盐性颗粒	DS1 ≥ 80%	DS2 ≥ 99%	DS3 ≥ 99.9%
	油性颗粒	DL1 ≥ 80%	DL2 ≥ 99%	DL3 ≥ 99.9%
韩国	盐性颗粒	KF80 ≥ 80%	—	—
	盐性颗粒油性颗粒	KF94 ≥ 94%	KF99 ≥ 99%	—

3.7 口罩的佩戴方法

3.7.1 口罩的佩戴场合

3.7.1.1 高风险暴露人员

人员类别：①在收治新型冠状病毒患者（确诊病例、疑似病例）的病房、ICU 和留观室工作的所有工作人员，包括临床医师、护士、护工、清洁工等；②疫区指定医疗机构发热门诊的医生和护士；③对确诊病例、疑似病例进行流行病学调查的公共卫生医师。

防护建议：①医用防护口罩；②在感染患者的急救和从事气管镜检查、气管

插管时加戴护目镜或防护面罩；③医用防护口罩短缺时，可选用符合 N95/KN95 及以上标准颗粒物的口罩，动力送风过滤式呼吸器的防护效果更佳，医护人员的佩戴舒适性更好。

3.7.1.2 较高风险暴露人员

人员类别：①急诊科工作医护人员等；②对密切接触人员开展流行病学调查的公共卫生医师；③疫情相关的环境和生物样本检测人员。

防护建议：符合国际防护口罩 N 95 / KN 95 及以上标准的颗粒物防护口罩，同时佩戴护目镜。

3.7.1.3 中等风险暴露人员

人员类别：①普通门诊、病房工作医护人员等；②人员密集场所的工作人员，包括医院、机场、火车站、地铁、地面公交、飞机、火车、超市、餐厅等相对密闭场所的工作人员；③从事与疫情相关的行政管理、警察、保安、快递等从业人员；④居家隔离及与其共同生活人员。

防护建议：佩戴医用外科口罩或民用卫生口罩。

3.7.1.4 较低风险暴露人员

人员类别：①超市、商场、交通工具、电梯等人员密集区的公众；②室内办公环境；③医疗机构就诊（除发热门诊）的患者；④集中学习和活动的托幼机构儿童、在校学生等。

防护建议：佩戴一次性使用医用口罩或民用口罩（儿童选用性能相当的儿童口罩）

3.7.1.5 低风险暴露人员

人员类别：①居家室内活动、散居居民；②户外活动者，包括空旷场所 / 场地的儿童、学生；③通风良好工作场所工作者。

防护建议：居家、通风良好和人员密度低的场所可不佩戴口罩。非医用口罩，如棉纱、活性炭和海绵等口罩具有一定防护效果，也有降低咳嗽、喷嚏和说话等产生的飞沫传播的作用，可视情况选用。

3.7.2 口罩的佩戴方法

3.7.2.1 平面式口罩（如医用外科口罩）

第一步：佩戴医用外科口罩前要先洗手。

第二步：分辨外科口罩的前后，一般有颜色或褶纹向下的一面向外，有鼻梁条的一边向上。

第三步：把双侧耳带挂在双耳后，使口罩紧贴面部。

第四步：根据自己的脸型，一手按住鼻梁条，一手把褶面充分展开，把鼻、嘴、下颌完全包住。

第五步：把外科口罩的鼻梁条沿着鼻梁两侧按紧。

第六步：适当调整口罩，使四周充分贴合面部。

第七步：佩戴口罩后，应该避免触摸口罩。若必须触摸口罩，在触摸前、后都要彻底洗手。

医用外科口罩的佩戴步骤如图 3.62 所示。

有颜色或褶纹向下的一面向外，
有金属条的一边向上

双侧耳带挂在双耳后

一手按住金属条，
一手把褶面充分展开

双手指尖向内压紧金属条，
使口罩与面部完全贴合

图 3.62　医用外科口罩的佩戴步骤

3.7.2.2 折叠式口罩（如耳挂式的 N95、KN95 口罩）

第一步：佩戴防护口罩前，要先洗手。

第二步：面向口罩无鼻梁条的一面，两手各拉住一边耳带，使鼻梁条位于口罩上方。

第三步：用口罩抵住下巴，将耳带拉至耳后。

第四步：将双手指置于鼻梁条中部，一边向内按压，一边顺着鼻梁条向两侧移动指尖，直至完全按压成鼻梁形状为止。

N95 防护口罩佩戴步骤如图 3.63 所示。

面向口罩无金属条的一面

两手各拉住一边耳带，使金属条位于口罩上方

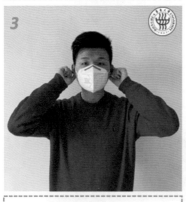
用口罩抵住下巴，将耳带拉至耳后

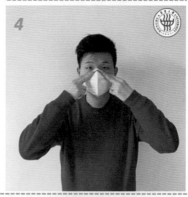
将双手指置于金属条中部，一边向内按压一边顺着金属条向两侧移动，直至完全按压成鼻梁形状为止

图 3.63　N95 防护口罩佩戴步骤（耳挂式）

3.7.2.3 杯状口罩（如头戴式的 N95、KN95）

第一步：佩戴防护口罩前要先洗手

第二步：面向口罩无鼻梁条的一面，使鼻梁条位于口罩上方。

第三步：用口罩抵住下巴，双手将下方的头带拉过头顶，置于耳朵后下方。

第四步：将上方的头带拉过头顶，置于耳朵后上方；将双手指置于鼻梁条中部，一边向内按压，一边顺着鼻梁条向两侧移动指尖，直至完全按压成鼻梁形状为止。

杯状口罩的佩戴步骤如图 3.64 所示。

面向口罩无金属条的一面，使金属条位于口罩上方

双手将下方头带拉过头顶，置于耳朵后下方

调整使口罩内底部抵住下巴

将上方头带拉过头顶，置于耳朵后上方

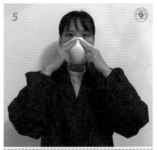
双手指按压金属条中部，并顺着金属条向两侧移动指尖

图 3.64　杯状口罩的佩戴步骤（头戴式）

口罩的佩戴方法及步骤也可扫描二维码观看视频③：防护口罩佩戴步骤演示操作。

3.7.3 口罩使用后的处理

在普通环境用过的口罩，没有新型冠状病毒传播风险，使用后按照生活垃圾分类的要求处理即可，如图 3.65 所示。具体步骤：①使用后，抓着耳带取下口罩。②、③一只手捏着口罩内侧，将口罩折叠两次。④将耳带缠绕口罩主体三圈。⑤丢弃到指定垃圾桶。在医院等高危环境用过的口罩，按照医疗废物收集、处理。⑥清洗、消毒双手。

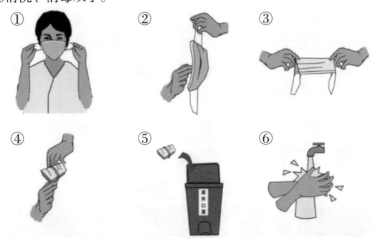

图 3.65　普通人群口罩用后的处理流程
（图片来自：新型冠状病毒防护指南发布）

3.7.4 口罩使用的注意事项

3.7.4.1 勿触摸使用过的口罩外层

用手触摸使用过的口罩外层不可取！使用过的口罩表面有很多细菌或病毒，如果手触碰到口罩表面，会增大接触到细菌或病毒的机会，同时，手又比较容易接触到其他的地方，会导致细菌或病毒的传播和扩散，所以在脱下口罩时，尽量只触摸口罩的橡筋和绳子。

3.7.4.2 勿相信口罩越厚防病毒效果越好

口罩并非越厚防病毒效果越好！医用外科口罩或民用卫生口罩尽管厚度小，但其中间的熔喷非织造布过滤效率高。熔喷非织造布由超细纤维构成并经过静电驻极，通过惯性碰撞、拦截、扩散，尤其是静电吸引的机理，捕捉吸入空气中的微细颗粒物及飞沫等，从而防止病毒的侵入。口罩厚度增加对过滤效果并不是成正比，但会增加呼吸气阻力。如纱布口罩虽然厚实，但其孔隙大，无法静电驻极，不能滤除大部分微细颗粒物。另外，纱布通常是亲水的，飞沫被阻挡于口罩表层，但会借着纤维的亲水性而向里渗透，造成防病毒侵入效果不好。因此，口罩越厚，并不等于防病毒效果越好。

3.7.4.3 勿佩戴过期口罩

佩戴过期口罩不可取！口罩过滤细菌或病毒的功能会随着时间，储存环境的温度、相对湿度的变化而降低，一般有效期为 1 至 3 年。存放时间长短取决于口罩的结构性能、存放的环境。口罩过滤效果主要依靠中间的熔喷法非织造材料过滤层，利用静电吸附微小颗粒物。但过滤层上的静电随着口罩保存时间的延长会慢慢减弱甚至消失。同时，随着环境中相对湿度的增加，静电荷量会加快减少，导致过滤层可能只有物理阻隔的能力，大大降低了防护效果。

3.7.4.4 勿佩戴自制口罩

佩戴自制口罩不可取！自制口罩一般气密性较差，也没有经过严格的消毒、检测，很难起到防护作用，而且自制的过程中很有可能会沾染细菌或病毒。如"纸尿裤口罩"，纸尿裤从内到外依次由表面贴肤层、导流层、吸收芯层和底层组成。为了使尿液快速下渗，表面层和导流层通常使用纺黏、热风等大孔径非织造布，由于这两层布的孔径很大，显然无法阻挡住病毒和颗粒物。吸收芯层用于吸收和锁住水分，由天然纤维素纤维、超吸水树脂等组成，这一层的孔径也远远大于病毒和颗粒物的粒径，同样没有防护作用。底层用于防止尿液渗漏，由微孔膜和纺黏布复合而成。尽管其中的微孔膜对病毒、颗粒物等具有一定阻隔效果，但微孔膜的透气性过小，若用于口罩中，不仅难以达到口罩标准中对于呼气、吸气阻力的要求，更会导致佩戴者难以呼吸；如"柚子皮口罩"，柚子皮不透气，吸气阻力很大，难以维持人体的正常呼吸，而且柚子皮密闭性存在很大问题，柚子皮边缘难以切合人们的脸型，如果空气从鼻梁边透过，就没有达到过滤空气进入呼吸道的目的，同时，根据佩戴时的力学强度，厚重的柚子皮用普通的橡筋很难固定；如"毛巾口罩"，毛巾是以纺织纤维（如棉花）为原料表面起毛圈绒头或毛圈绒头割绒的机织物（机织物是由存在交叉关系的纱线构成的织物）。机织物结构较疏松，根本达不到过滤细微颗粒物的目的，而且毛巾一般质地较厚，也没有良好的密闭性。同时，如果毛巾作为口罩使用不是一次性的，而是用完进行清洗，则清洁毛巾还会容易污染洁具，易造成二次传染。

3.7.4.5 勿采用微波炉加热方式对口罩进行消毒

用微波炉、电烤箱、蒸锅等厨具加热口罩不可取！一方面口罩过滤核心层受热处理后，会不均匀收缩，另外造成电荷逃逸，导致口罩过滤效率降低；另一方面，微波炉、电烤箱和蒸锅处理医疗垃圾后会受到二次污染。

3.7.4.6 勿采用电吹风加热方式对口罩进行消毒

用电吹风加热消毒口罩不可取！一方面是口罩过滤层结构在高温条件下很容易被破坏，使得口罩起皱变形，造成防护口罩无法再次使用；另一方面，电吹风是一种对口罩不均匀的加热过程，容易使附着在口罩上的飞沫再一次吹到人面部，造成二次传染。

3.7.4.7 勿采用酒精涂抹、浸泡和熏蒸方式对口罩进行消毒

用酒精涂抹、浸泡和熏蒸口罩不可取！不管是浸泡还是熏蒸，溶剂分子都会与聚丙烯分子产生相互作用。按水、甲醛、乙醇、异丙醇的顺序，溶剂的极性逐渐降低，疏水性（亲有机物）逐渐增加。根据相似相容原理，按水、甲醛、乙醇、异丙醇的顺序，溶剂越容易接触到聚丙烯纤维表面，溶剂与聚丙烯的相互作用程度增强，电荷衰减的趋势增加。通常，医用外科口罩等外表面都经过"拒水处理"，酒精很难渗入，表面涂抹很难对口罩内部起到消毒作用；酒精涂抹、浸泡和熏蒸破坏口罩外层防水结构，使口罩对水（血液、唾液）的吸收能力增强，这会导致口罩渗透性过大，口罩的过滤防护性能失效。

3.7.4.8 勿采用紫外灯照射方式对口罩进行消毒

用紫外灯照射口罩不可取！紫外线波长在240~280 nm范围内最具破坏细菌病毒中的DNA（脱氧核糖核酸）或RNA（核糖核酸）的分子结构，造成生长性细胞死亡和（或）再生性细胞死亡，达到杀菌消毒的效果。但是聚丙烯熔喷材料是一种热塑性高分子材料，在聚丙烯链上存在着大量不稳定的叔碳原子，在有氧的情况下，只需要很小的能量就可以将叔碳原子上的氢脱除而成为叔碳自由基。所以在紫外线照射下，分子链会断裂，相对分子质量下降，进而导致强度降低，过滤性能也大幅度下降。

参考文献

［1］刘永胜，钱晓明，张恒，等．非织造过滤材料研究现状与发展趋势［J］．上海纺织科技，2014，42（6）：10-13.

［2］周晨，徐熊耀，靳向煜．ES纤维热风非织造布驻极性能初探［J］．纺织学报，2012，33（9）：66-70.

［3］李婧岚，吴海波．梯度结构的PE/PP皮芯纤维空气材料性能研究［J］．产业用

纺织品，2019，37（2）：14-19.

［4］LIU J X, ZHANG X, ZHANG H F; et al. Low resistance bicomponent spunbond materials for fresh air filtration with ultra-high dust holding capacity［J］. Rsc Advances, 2017, 69（7）: 43879-43887.

［5］LIU J X, ZHANG H F, GONG H, et al. Polyethylene/polypropylene bicomponent spunbond air filtration materials containing magnesium stearate for efficient fine particle capture［J］. ACS Applied Materials & Interface, 2019, 11（43）: 40592-40601.

［6］徐玉康，朱尚，靳向煜. 聚四氟乙烯耐腐蚀过滤材料结构特征及发展趋势［J］. 纺织学报，2017，38（8）：161-171.

［7］XU Y K, HUANG C, JIN XY. A comparative study of characteristics of polytetrafluoroethylene fibers manufactured by various processes［J］. Journal of Applied Polymer Science, 2016, 133（26）: 43553.

［8］WANG Y X, XU Y K, WANG D, etal.Polytetrafluoroethylene/polyphenylene sulfide needle-punched triboelectric air filter for efficient particulate matter removal［J］. ACS Applied Materials & Interfaces, 2019, 11（51）: 48437-48449.

［9］邹志伟，钱晓明，钱幺，等. 油剂去除对针刺非织造过滤材料驻极性能的影响［J］. 纺织学报，2019，40（6）：80-85.

［10］ZHANG H F, LIU J X, ZHANG X, et al. Design of three-dimensional gradient nonwoven composites with robust dust holding capacity for air filtration［J］. Journal of Applied Polymer Science, 2019, 136（31）: 47827.

［11］DRABEK J, ZATLOUKAL M. Meltblown technology for production of polymeric microfbers/nanofbers: a review［J］. Physics of Fluids, 2019, 31（9）: 091301.

［12］HASSAN M A, YEOM B Y, WILKIE A, et al. Fabrication of nanofiber meltblown membranes and their filtration properties［J］. Journal of Membrane Science, 2013, 427: 336-344.

［13］NAYAK R, KYRATZIS I L, TRUONG Y B, et al. Fabrication and characterisation of polypropylene nanofibers by meltblowing process using different fluids［J］. Journal of Materials Science, 2013, 48（1）: 273-281.

［14］YU B, HAN J, SUN H, et al. The preparation and property of poly（lacticacid）/ tourmaline blends and melt-blown nonwoven［J］. Polymer Composites, 2015, 36（2）: 264-271.

［15］ZHANG H F, LIU J X, ZHANG X, et al. Design of electret polypropylene melt blown air filtration material containing nucleating agent for effective PM2.5 capture［J］. Rsc Advances, 2018, 8（15）: 7932-7941.

［16］TABTI B, DASCALESCU L, PLOPEANU M, et al. Factors that influence the corona charging of fibrous dielectric materials [J]. Journal of Electrostatics, 2009, 67 (2/3): 193-197.

[17] ZHANG H F, LIU J X, ZHANG X, et al. Online prediction of the filtration performance of polypropylene melt blown nonwovens by blue-colored glow [J]. Journal of Applied Polymer Science, 2017, 135 (10): 45948.

[18] IM K B, HONG Y B. Development of a melt-blown nonwoven filter for medical masks by hydro charging [J]. Textile Science and Engineering, 2014, 51 (4): 186-192.

[19] BARHATE R S, RAMAKRISHNA S. Nanofibrous filtering media: filtration problems and solutions from tiny materials [J]. Journal of Membrane Science. 2007, 296 (1): 1-8.

[20] YANG Z. Z, LIN J H, TSAI I S, et al. Particle filtration with an electret of nonwoven polypropylene fabric [J]. Text. Res. J., 2002, 72: 1099－1104.

[21] 左双燕, 陈玉华, 曾翠, 等. 各国口罩应用范围及相关标准介绍 [J]. 中国感染控制杂志, 2020, 19 (2): 109-116.

[22] 叶芳. 口罩发展简史 [J]. 标准生活, 2012 (599): 15-17.

[23] 马铭远, 陈美玉, 王丹, 等. 口罩的发展现状及前景 [J]. 纺织科技进展, 2014 (6): 7-9.

[24] 王斌全, 赵晓云. 口罩的发展及应用 [J]. 护理研究, 2007, (9): 845.

[25] 叶芳. 口罩分类及原理介绍 [J]. 标准生活, 2016 (2): 18-23.

[26] 何俊美, 魏秋华, 任哲, 等. 在新型冠状病毒肺炎防控中口罩的选择与使用 [J/OL]. 中国消毒学杂志, 2020 (2): 1-5.

[27] 靳向煜, 殷保璞, 吴海波. 防 SARS 医用防护过滤材料结构与性能 [J]. 非织造布, 2003, 11 (4): 41-44.

[28] 李新华, 高福. 新型冠状病毒防护指南发布 [M]. 北京: 人民卫生出版社, 2020: 47-47.

[29] 关于印发不同人群预防新型冠状病毒感染口罩选择与使用技术指引的通知. 来源: 疾病预防控制局. 2020.2.5

[30] 杨艳彪, 赵奕, 靳向煜, 等. 新型非织造全转移输出辊梳理机的机构与特征 [J]. 产业用纺织品, 2017, 35 (11): 33-38.

[31] 鞠永农. 浅谈国产针刺机的开发现状及发展趋势 [J]. 产业用纺织品, 2010, 28 (1): 19-23.

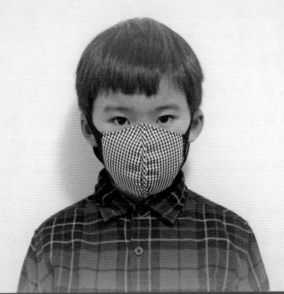

第四章 非织造个人防护用品
——儿童口罩

儿童作为免疫力相对低下群体，相比于成年人，阻挡病毒微细颗粒侵入的能力更差，如儿童鼻毛不够浓密致使颗粒物更易进入呼吸道、儿童呼吸频率更快致使同样时间内摄入的污染颗粒物更多。成人口罩针对成人设计，与儿童脸型不够贴合，无法实现良好的防护作用。另外，儿童皮肤娇嫩，身体发育与心理方面不够成熟，长时间佩戴成人口罩更易产生憋闷、皮肤受勒、摩擦不适等生理不适感；成人口罩的设计也无法满足儿童对于产品的美观、有趣的心理需求。因此，家长应选用适合孩子的儿童专用口罩，而不要用成人口罩去代替。儿童口罩在满足口罩通用要求基础上，对安全性能、舒适性能、使用材料及口罩设计方面都有单独要求。

然而，人们对于儿童用防护口罩的相关知识了解甚少，在选择合适的儿童防护口罩方面没有正确的认识。新型冠状病毒肺炎疫情暴发之前，我国标准体系中并没有关于儿童防护口罩的相应标准与规定，在实际生产中出现了将现有的国、行标指标进行简单拼凑套用的现象，使得儿童口罩的性能指标不尽完善和科学。同时如此多的标准充斥市场，造成儿童口罩生产企业采标乱、市场监督难、消费者无从辨别。因此，本章就国内外常见儿童防护口罩进行分类分析，归纳儿童防护口罩的结构与特点，旨在给广大民众在选择儿童口罩时提供有益参考；同时分析国内外相关标准，为未来儿童口罩设计和发展提供一定的思路。

4.1 儿童防护口罩的分类

目前国内外市售儿童防护口罩种类繁多，可根据口罩主体材料原料、结构形状、不同配件等多种方式分类。相比于成人防护口罩，儿童防护口罩除了防护作用外，还有着安全性和舒适性的特殊设计。

4.1.1 按原料分类

根据原料分类，儿童口罩可分为棉纱布口罩、活性炭口罩、非织造布儿童口罩以及硅胶口罩，如图 4.1 所示。棉纱布儿童口罩的主要功能是防寒保暖，避免冷空气直接刺激呼吸道，突出特点是透气性好，中间夹层滤片也有一定的过滤效果，但其防尘防菌效果很差，几乎没有防病毒效果，在致病微生物传染病高发期或雾霾天气几乎起不到防护作用。活性炭儿童口罩常被用来吸附有毒、有害的化学物质或粉尘，防止其进入儿童呼吸道。以上两种儿童口罩对呼吸道传染病防护效果较弱。

而非织造布儿童口罩，即主体材料为非织造材料的儿童防护口罩，不仅可以阻挡较大的粉尘颗粒，且其携带的静电荷还可以吸附微细粉尘颗粒和微生物颗粒，对于细菌、病毒都有一定的过滤效果，可以有效防止致病菌感染。

硅胶儿童口罩用于防毒防雾，其在早些年就已经研发而成，机理是通过过滤

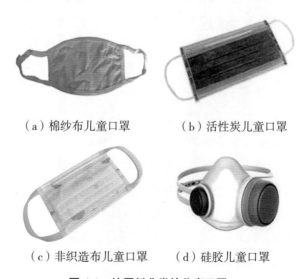

（a）棉纱布儿童口罩　　　（b）活性炭儿童口罩

（c）非织造布儿童口罩　　（d）硅胶儿童口罩

图 4.1　按原料分类的儿童口罩

盒或过滤片进行空气过滤。硅胶儿童口罩使用寿命相对较长，柔软舒适，长时间佩戴不易引发过敏反应。硅胶材料软硬程度不同，硬度高的儿童口罩易造成面部压痕，而硬度偏低则可能佩戴不牢固，容易出现漏气现象。

4.1.2 按形状分类

由于人面部为立体结构，为保证儿童口罩的密闭性与佩戴舒适性，儿童口罩在佩戴时需呈现立体结构。根据儿童口罩的形状及其立体结构的形成方式分类，儿童口罩可分为平面式、折叠式和立体杯状式三类。平面式儿童口罩如图4.2（a）所示，在未被使用时为平面状，在使用前的展开过程中，由于褶皱不完全展开可提供鼻口立体空间。折叠式儿童口罩如图4.2（b）所示，由于受到经特殊设计的黏合或缝合方式的限制以及折叠前受剪裁原料形状的影响，口罩内折叠展开，因此口罩展开后呈现立体状。平面式和折叠式口罩具有方便携带的优点，其气密性受到剪裁结构与黏合方式的影响较大。立体杯状式口罩在制作成型时已经成为立体形状，如图4.2（c）所示。此类口罩在模具的辅助作用下直接成型为立体杯状式结构，不可折叠，硬挺度优于平面式和折叠式口罩。立体杯状式口罩呼吸空间较大，与面部贴合度好，但是呼吸阻力较大，不方便携带。

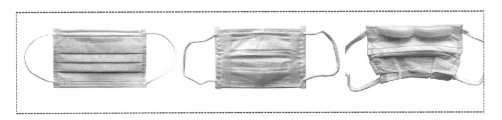

（a）平面式

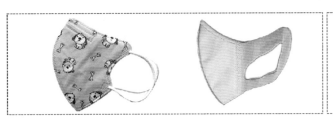

（b）折叠式

（c）立体杯状式

图 4.2　按形状分类的儿童口罩

平面式儿童口罩有三种款式，主要区别在于鼻夹的位置、长度、材质，如图4.2（a）所示。当鼻夹仅位于口罩上侧时，佩戴时鼻夹主要夹于鼻梁；而增加一条鼻夹位于口罩的中间水平位置时，鼻夹同时夹于鼻梁和鼻翼处［如图4.2（a）中间图所示］，佩戴时可提供儿童更大的口罩死腔空间，防止口罩坍塌在儿童口鼻处，提升佩戴舒适性；如图4.2（a）右图所示，口罩上侧的鼻夹材质不同，增加了海绵垫，且口罩下侧有两道折叠，便于佩戴时口罩能贴合脸部。

折叠式儿童口罩按耳带成型的设计进行分类，主要有两种款式，如图4.2（b）所示。在口罩生产工艺中，耳带通常是通过热黏合的方式与口罩主体黏合成型，为了使儿童口罩更贴合儿童的脸型，一些折叠式儿童口罩采用一体式成型方式，立体剪裁耳挂形状，可使脸部侧面与口罩更贴合。

折叠式儿童口罩按临耳设计进行分类，根据人体工学理论进行产品贴合性和舒适性的提升设计，主要包括耳部贴合舒适型［如图4.3（a）和4.3（b）所示］、

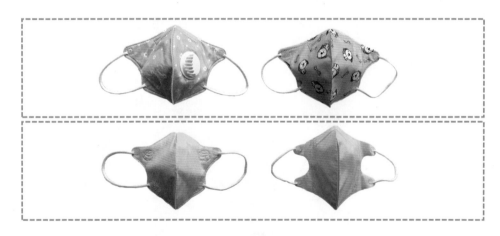

（a）和（b）耳部贴合舒适型

（c）脸部贴合舒适型

图4.3　儿童口罩舒适性提升款式

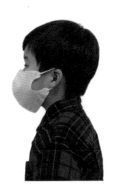

图 4.4　不同临耳设计的儿童口罩侧脸图

脸颊 / 鼻口 / 下巴弧度设计提升型，如图 4.3（c）所示。耳部贴合舒适提升型不仅提高了口罩与临耳处的接触舒适性，更提高了口罩与儿童脸部的贴合性；脸颊 / 鼻口 / 下巴弧度设计提升型通过专门针对儿童脸型的弧度设计和展开后的 3D 立体空间设计，协同提高了儿童佩戴口罩时的舒适性和贴合性。不同临耳设计的儿童口罩侧脸图如图 4.4 所示。

4.1.3　按配件分类

　　儿童口罩除按原料与形状分类外，也可按配件的不同分类。根据有无呼吸阀，儿童口罩分为有呼吸阀款与无呼吸阀儿童口罩，如图 4.5 所示。呼吸阀内带有活瓣，吸气时，活瓣关闭；呼气时，活瓣开启。佩戴者呼出的气体不经过滤，直接排入周围环境。因此，带呼吸阀的口罩仅仅提供单向防护作用，只保护戴口罩的人，而不保护戴口罩者周围的人群，主要适用于工业防尘口罩和防雾霾（PM2.5）口罩。国家标准 GB 19083—2010《医用防护口罩技术要求》明确提出，医用防护口罩不应有呼吸阀。因此，带有呼吸阀的口罩并不是符合规范的医用防护口罩。由于松紧带的位置与长度不同，儿童口罩的佩戴方式也不尽相同，分为耳挂式与头戴式，头戴式如图 4.5（c）图所示。T/CNTAC 55—2020　T/CNITA 09104—2020《民用卫生口罩》中规定儿童口罩宜采用耳挂式口罩带，不应有可拆卸小部件，口罩带不应有自由端，且不应有金属外露物。

（a）无呼吸阀儿童口罩　　　　　（b）有呼吸阀儿童口罩　　　　　（c）头戴式儿童口罩

图 4.5　按配件不同分类的儿童口罩

4.2 儿童口罩的设计理念与要求

相比于成年人，儿童在身体尚处发育阶段的情况下免疫力较低，对传染疾病的抵抗力都相对较弱，病菌威胁性较高。儿童佩戴口罩过程中可能无法自主停止使用，这就需要儿童口罩要确保呼吸通畅、口罩与脸型匹配以及较好防护效果。因此，儿童防护口罩不应只是成人口罩的缩小版，其设计与生产要求有别于成人口罩，儿童口罩在满足口罩通用要求基础上，在安全性能、舒适性能、使用材料及口罩设计方面都有单独要求。

4.2.1 选料与结构

根据 GB18401—2010《国家纺织产品基本安全技术规范》中关于婴幼儿产品要求，且为避免突发伤害，儿童口罩应采用不易燃材料，原材料不应使用再生料，不应含有致癌、致过敏、致皮肤刺激等有害物质，限制使用物质的残留量应符合相关要求，不得经过有氯漂白处理。口罩与皮肤直接接触的材料不应染色。配有鼻夹的儿童口罩，其鼻夹应采用可塑性材质。从结构设计上看，儿童防护口罩和成人防护口罩的区别不大，一般为三层结构，表层为疏水层结构，芯层为低阻高效过滤层，内层为亲肤层，如图 4.6 所示。儿童口罩宜采用耳挂式口罩带，不应有可拆卸小部件，口罩带不应有自由端。考虑到儿童与成人生理与心理上的差异，儿童防护口罩会添加舒适性、附加功能性设计。

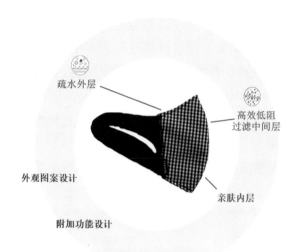

图 4.6 儿童防护口罩结构原理图

4.2.2 高效低阻

"高效低阻"对儿童防护口罩尤为重要，T/CNTAC 55—2020 T/CNITA 09104—2020《民用卫生口罩》标准中规定儿童口罩所用材料的呼吸阻力≤ 30 Pa，远低于成人口罩 49 Pa 的要求。由于生理特点，小儿肺容量（仅为成人的 1/6）及潮气量（潮气量绝对值 6 mL/kg）均比成人小，但呼吸阻抗大。为适应代谢的需求，只有采取增加呼吸频率来得到满足。年龄越小，呼吸频率越快，其频率随着年龄增长而递减。各年龄段呼吸频率范围值如表 4.1 所示。成人口罩的材质呼吸阻力大，儿童长时间佩戴很容易因呼吸不畅导致血气浓度不足，对呼吸系统造成伤害。此外，2 岁以下低龄儿童即使感到憋闷不适，也不会用语言表达感受，很容易带来窒息危险。因此，在确保具有防护效果的前提下，为使儿童佩戴口罩时具备充足的安全性和享有相对的舒适性，降低儿童口罩的呼吸阻力尤为重要。

表 4.1 各年龄段呼吸频率范围值

年龄段 /（岁）	1~3	4~7	8~14	>14
呼吸频率（次·min⁻¹）	20~30	20~25	18~20	12~20

　　国内外儿童口罩的设计都注重了高效低阻的理念，如表 4.2 国外儿童口罩 1
（折叠型），过滤效率可达 98%，同时设计轻薄。国外儿童防护口罩 2（折叠型）
高效过滤，对 PM2.5 过滤效率高达 98%，呼吸更顺畅，通气阻力 98 Pa，远小于
国家标准 GB/T 32610—2016《日常防护型口罩技术规范》175 Pa。国外儿童口
罩 3（折叠型）对于 0.1 μm 粒子、花粉、病毒飞沫达到 99% 过滤效果。从表 4.2
中国内系列儿童口罩与国外儿童口罩过滤效率、通气阻力方面的比较可以发现
国内儿童口罩在确保细菌和颗粒物过滤效率的同时，呼吸阻力更低，更透气。

表 4.2　不同品牌儿童口罩产品的过滤效率与呼吸阻力对比

产品	过滤效率	通气阻力
国外儿童口罩 1（折叠型）	≥ 98%	—
国外儿童防护口罩 2（折叠型）	≥ 98.8%（PM2.5）	98 Pa
国外儿童口罩 3（折叠型）	≥ 99%（0.1 μm 粒子、花粉、病毒飞沫）	—
国内儿童口罩 1（折叠型）	≥ 99%（细菌）、97%（颗粒）	≤ 25 Pa
国内儿童口罩 2（平面型）	≥ 99%（细菌）97%（颗粒）	≤ 25 Pa
国内儿童口罩 3（折叠型）	≥ 99%（细菌）97%（颗粒）	≤ 25 Pa
国内儿童口罩 4（折叠型）	≥ 98%（细菌）97%（颗粒）	≤ 25 Pa

4.2.3　尺寸适配

　　口罩的防护效果除受过滤效率的影响外，还与泄漏率密切相关，而泄漏率受
口罩与面部的贴合度、呼气阀的气密性等因素的影响。口罩应能安全牢固地罩
住口、鼻，应有良好的面部贴合性。儿童的脸型比成人小，骨骼正在发育，即使
使用小号的成人口罩，也难以像成人一样完全撑起口罩的立体结构使口罩紧贴脸
部，无法达到密闭和贴合的要求，所以需要根据儿童面部特征进行设计，而消费
者选择适合儿童面部尺寸的口罩也尤为重要。

表 4.3　儿童面部基本尺寸（单位：mm）

项目名称	4~6 岁		7~10 岁		11~12 岁	
	均值	标准差	均值	标准差	均值	标准差
头全高	203.8	12.2	215.3	12.5	221.1	12.7
头长	174.7	7.2	180.9	8.1	185.3	7.8
头宽	151.8	6	157.6	6.4	161.1	6.6
头围	512.5	19.5	531.8	22	545.4	21.7
形态面长	94.9	6.2	102.2	6.8	108.2	7.5
头矢状弧	325.3	17.4	335.3	17.5	336.6	18.3
耳屏间弧	337.2	15.3	348.7	15.8	355.3	16.1
两耳外宽	174.4	8.5	183.6	8.7	187.3	8.7
头冠状围	571.4	32.2	601.1	33.1	615.5	34.6
头耳高	127.3	8	130.7	7.5	133.1	8.1
眼顶高	113.1	10.7	116.3	10.1	116.9	10.5
头斜长	198.8	12.2	208	12.9	217.4	13.5
头顶至眉间点距	87.9	12.4	91.9	12.4	91.5	12.9
鼻尖点至枕后点斜距	189.2	8.9	197.5	10.1	205.2	11.3
眉间顶颈弧长	428.9	23.8	451.5	22.5	460.3	23

　　将儿童分为 4~6 岁、7~10 岁、11~12 岁三个年龄段，儿童头部脸型数据如表 4.3 所示。不同年龄段的儿童面部尺寸差异较大，同一年龄段内尺寸数据也有较大波动。因此，儿童防护口罩的尺寸需要根据年龄进行分类，同一年龄段的口罩产品也需要具有一定的可调节性、适配性。除了耳挂松紧可调之外，形状轮廓可以调节的儿童口罩则更好。如图 4.7 所示，市面上儿童口罩可根据脸型自行热塑定型口罩的鼻梁和下巴形状，可用口罩纸模剪裁直到适合使用者脸型。

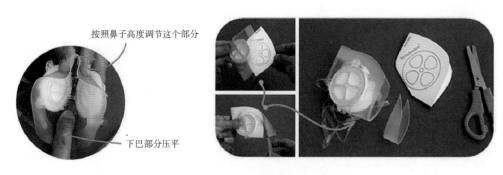

按照鼻子高度调节这个部分

下巴部分压平

图 4.7　儿童防护口罩可调节性示意图
（图片来源：https://totobobo.com）

4.2.4　舒适性

口罩应便于佩戴和摘下，在佩戴过程中应无明显的压迫感或压痛现象，对头部活动影响较小。实际使用过程中，儿童口罩的佩戴舒适性也是考虑的重要部分。儿童口罩设计要注重材料的亲肤性。儿童皮肤比较细腻，而且皮肤易损伤，所以对内层亲肤层的材料设计要求更为严格，对安全柔软性的要求更高。比如，某些品牌口罩考虑到儿童肤质敏感，将内层常用的纺黏非织造布更换成纯棉亲水材料，在绑带中加入天然丝质成分。东华大学采用专门的复合专利制备技术制备低阻过滤材料，设计的高舒适性儿童口罩如图 4.8 所示，口罩两侧使用柔性泳衣面料与脸部密切贴合，内层硬网眼面料自然成型无压迫感，既保障佩戴舒适，呼吸通畅，又具有良好的密闭性。

采用耳挂式口罩带的儿童用口罩，口罩带不应有自由端。此外，还有一些款式在垫鼻、耳带等方面做了舒适性提升设计，如儿童款颗粒防护口罩的 3D 立体海绵鼻垫及针织头戴设计、天然丝质柔软耳带的设计、侧面特殊 V 形开口设计以及 3D 立体剪裁设计等。一些儿童口罩在鼻部增加了特殊的海绵鼻托设计，以减少口罩对于鼻部的压迫，如图 4.9 所示。

此外，儿童皮肤娇嫩，耳部发育不完全，长时间佩戴耳挂式口罩易造成耳部不适。因此，儿童口罩一般考虑用舒适棉质、加宽型松紧带等宽幅柔软耳带，以缓和耳朵的负担；或放弃耳挂式，将儿童口罩设计为脖挂式，以提高佩戴的舒适性，如图 4.10 所示。

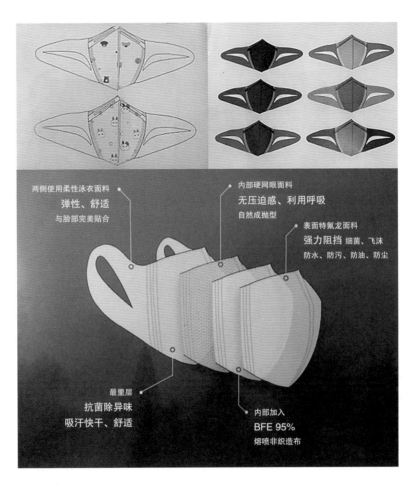

图 4.8 东华大学儿童口罩设计图

图 4.9 含鼻托儿童口罩

图 4.10　耳挂式（上）与脖挂式（下）儿童防护口罩
（图片来源：http://www.honeywell.com.cn）

4.2.5　外观设计

儿童口罩大多会有一些花纹、图案等特殊的外观设计，用以减少孩子佩戴时的抵抗心理。市场上的儿童口罩多通过鲜明可爱的配色、新颖的图案设计来吸引儿童，如图 4.11 所示。

图 4.11　国外儿童口罩

（图片来源：https://www.honeywell.com.cn）

4.2.6 附加功能设计

市场上的一些儿童口罩除防护作用外，还有附加功能设计。如舒适保暖儿童口罩具有可水洗、快干性能，其表里两层采用棉材料，中间含有新雪丽高科技绒面，可起到保暖作用；保湿儿童口罩，通过添加高保湿层保持舌喉部位湿润，防霾润喉护肺；添加了含维生素 C 的过滤层的口罩，佩戴者可以通过呼吸吸收维 C 营养等。

综上，从防护性、安全性、舒适性等多方面进行设计，儿童口罩在实现高效低阻要求的同时，在选料、外观、舒适、附加功能方面比成人口罩的要求更高。

4.3 国内外儿童口罩的相关标准

过去，我国生产儿童口罩企业中有相当一部分没有取得医用口罩资质，市场上大量的平面型口罩参照的是 GB/T32610—2016 和 GB2626—2019 防护要求和密闭性能要求，对于细菌、飞沫和颗粒物等具有阻隔作用。新型冠状病毒肺炎疫情暴发后，口罩成为了疫情中的重要防疫物资，在阻隔病毒、防感染、增安全、保健康中发挥了至关重要的作用，儿童防护口罩的需求也出现攀升。关于儿童口罩，国内现参考的产品标准共有 8 项，其中新型冠状病毒肺炎暴发前已有 5 项标准，但全部为成人口罩标准。换言之，疫情暴发前我国没有针对儿童口罩的专项标准，疫情暴发后，截至 2020 年 3 日，新增了 3 项相关标准，其中 2 项为儿童口罩标准、1 项为包含儿童口罩部分指标的标准。

4.3.1 新型冠状病毒肺炎疫情暴发前儿童口罩的参考标准

新型冠状肺病毒炎疫情暴发前没有针对儿童的口罩标准，主要参考 5 项成人口罩标准，包括：GB 19083—2010《医用防护口罩技术要求》、YY 0469—2011《医用外科口罩》、YY/T 0969—2013《一次性使用医用口罩》、GB/T 32610—2016《日常防护型口罩技术规范》标准、GB 2626—2019《呼吸防护 自吸过滤式防颗粒物呼吸器》。医用口罩制造对生产条件、资质以及适用范围有严格规定；民用口罩主要针对空气质量污染和日常环境，工业口罩针对于特定环境和特定人群使用，两者对于颗粒物的防护相对较高。

其中，国家标准 GB 2626—2019《呼吸防护　自吸过滤式防颗粒物呼吸器》、美国防护口罩技术要求（42CFR84-1995）、日本 JIST 8151-2018 呼吸保护装置的标准、韩国口罩标准 KF 系列、欧洲可防护微粒的过滤式半口罩标准 BS EN 149：2001、澳大利亚和新西兰的呼吸保护装置标准 AS / NZ S1716：2012 是本次疫情暴发前市售儿童口罩的部分参考标准。

① 国家标准 GB2626—2019《呼吸防护　自吸过滤式防颗粒物呼吸器》，包括防护口罩，也包括防护面罩等呼吸器，防护对象包括粉尘、烟、雾和微生物等各类颗粒物。此类产品按过滤性能分为 KN 类和 KP 类。KN 类只适用于过滤非油性颗粒物，包括 KN 90、KN 95 和 KN 100，对非油性颗粒物的过滤效率分别为 ≥ 90%、≥ 95% 和 ≥ 99.97%；KP 类适用于过滤油性及非油性颗粒物，包括 KP90、KP95 和 KP100，对油性颗粒物的过滤效率分别为 ≥ 90%、≥ 95% 和 ≥ 99.97%。

② 美国国家职业安全卫生研究所（NIOSH）制定的防护口罩技术要求（42CFR84-1995），根据滤网材质，把防护口罩分为 N、R、P 等 3 个系列。N 系列为防护非油性悬浮颗粒（Notresistantto Oil），编制型号为 N95、N99 和 N100；R 系列为防护耐油性颗粒物（Resistantto Oil），可防护非油性悬浮颗粒及油性悬浮颗粒，编制型号为 R95、R99 和 R100；P 系列为防油性颗粒物（Oilproof），可防护非油性悬浮颗粒及油性悬浮颗粒，编制型号为 P95、P99 和 P100。每系列 3 个级别的过滤效率测定指标依次为 ≥ 95%、≥ 99% 和 ≥ 99.97%。在国内普及性较广的是 N95 口罩，但 N95 口罩不等于医用防护口罩，医用 N95 防护口罩除了满足 NIOSH 的要求外，还要满足美国食品药品监督管理局（FDA）标准，具有表面抗湿性和血液阻隔能力。

③ 日本 JIST 8151-2018 呼吸保护装置的标准，也是日本 MOL 验证标准，将防护口罩编制型号主要分为 DS1、DS2 和 DS3，过滤效率依次为 ≥ 80%、≥ 99% 和 ≥ 99.9%。

④ 欧盟对于口罩产品会采用欧洲统一认证（ConformiteEuropeenne，CE），认证的标准包括 BSEN 140、BS EN 14387、BSEN 143、BS EN 149、BS EN 136，其中 BS EN 149 使用多，为可防护微粒的过滤式半口罩，根据测试粒子的穿透率分别为 P1（FFP1），P2（FFP2），P3（FFP3）三个等级，设定的过滤效率依次为 ≥ 80%、≥ 94% 和 ≥ 97%。而医用防护口罩还必须遵循英国标准学会（BSI）DS/EN 14683 标准。

由于新型冠状病毒肺炎疫情暴发以前并无专门针对儿童防护口罩的标准，口罩生产企业参照了国内外一些其他防护用品（口罩）的标准，本书将上述标准分级比较列了如表 4.4。

表 4.4　国内外儿童防护口罩参考标准的分级比较

标准号	过滤元件分类	过滤效率		呼吸阻力（Pa）
		细菌过滤	颗粒物过滤	
GB-2626—2019	KN 类：过滤非油性颗粒物 KP 类：过滤油性颗粒物和过滤非油性颗粒物		90 等级：≥ 90% 95 等级：≥ 95% 100 等级：≥ 99.97%	吸气阻力≤ 350 呼气阻力≤ 250
NIOSH 42CFR—84	N 系列：防护非油性颗粒，无时限 R 系列：防护非油性及油性颗粒，时限 8 h P 系列：防护非油性颗粒，无时限		95 等级：≥ 95% 99 等级：≥ 99% 100 等级：≥ 99.97%	吸气阻力≤ 350 呼气阻力≤ 250
JIST8151—2018	不分类		DS1：≥ 80% DS2：≥ 99% DS3：≥ 99.9%	吸气阻力： DS1 ≤ 145 DS2 ≤ 165 DS3 ≤ 355 呼气阻力： DS1 ≤ 145 DS2 ≤ 165 DS3 ≤ 190
BS EN149:2001	不分类		FFP1：≥ 80% FFP2：≥ 94% FFP3：≥ 99%	吸气阻力： FFP1 ≤ 210 FFP2 ≤ 240 FFP3 ≤ 300 呼气阻力： FFP1 ≤ 300 FFP2 ≤ 300 FFP3 ≤ 300
KF 系列	不分类		KF80：≥ 80%（仅盐性介质）； KF94：≥ 94%（油性和盐性介质）； KF99：≥ 99%（油性和盐性介质）	KF80 ≤ 60 KF94 ≤ 70 KF99 ≤ 100 30 L/min

（续表）

标准号	过滤元件分类	过滤效率		呼吸阻力（Pa）
		细菌过滤	颗粒物过滤	
AS/NZS1716：2012	不分类		P1: 低过滤效果≥80%；P2: 低过滤效果≥94%；P3: 低过滤效果≥99%	P1≤60 P2≤70 P3≤120 （30±1）L/min P1≤210 P2≤240 P3≤420 （95±2）L/min

对比表 4.4 中的 4 项国内外儿童口罩参考标准，发现 5 项国内口罩标准中，中国国家标准 GB 2626—2019《呼吸防护　自吸过滤式防颗粒物呼吸器》与美国国家职业安全卫生研究所（NIOSH）制定的防护口罩技术要求 42CFR-84 性能指标比较相似，和日本、欧洲生产儿童口罩所参照的标准相比，过滤原件分类不同，我国的防护要求更高，其中 FFP2 口罩与 KN95 口罩、N95 口罩过滤效率十分接近。此外，还有韩国食品药品管理部门发布的韩国主流口罩标准 KF 系列，分为 KF80、KF94、KF99，KF80≥80%（仅盐性介质）；KF94≥94%（油性和盐性介质）；KF99≥99%（油性和盐性介质）。澳大利亚和新西兰的呼吸保护装置标准 AS/NZS1716：2012，该标准规定了防颗粒口罩制造流程和材料，以及必须测试的内容和性能要求。该标准将口罩分为三类，P1: 低过滤效率≥80%；P2: 低过滤效率≥94%；P3: 低过滤效率≥99%。

4.3.2　新型冠状病毒肺炎疫情暴发后儿童口罩的参考标准

新型冠状病毒肺炎疫情暴发后，为了防止企业采标乱、市场监督难、消费者无从辨别的隐患，我国新增发布了儿童口罩标准（或包含儿童口罩指标的标准），它们分别为 T/CNTAC 55—2020《民用卫生口罩》团体标准和 GB/T 38880—2020《儿童口罩技术规范》团体标准。

T/CNTAC 55—2020《民用卫生口罩》团体标准首次对儿童口罩提出了明确的参数标准，其中儿童口罩相关参数见表 4.5 所示。该标准指出由于儿童所到之处大多环境较好，因此所用口罩对过滤效率的要求相较成人较低，对颗粒物过滤

效率要求≥90%，细菌过滤效率≥95%，但其滤阻要比成人小得多，通气阻力
≤30 Pa。且口罩带与口罩体连接断裂强力需≥5N。考虑到儿童代谢水平和需氧
量接近成人，而小儿肺容量（成人的1/6）及潮气量（潮气量绝对值6mL/kg）均
比成人小，因此呼吸频率更快。年龄愈小，呼吸频率愈快，其频率随年龄增长而
递减。因为儿童应付额外呼吸压力的储备能力差，因此，在确保具有防护效果的
前提下，为使儿童佩戴口罩时享有相对的舒适性，将通气阻力作为考核指标项是
非常必要的。

表 4.5   T/CNTAC 55—2020《民用卫生口罩》中关于儿童口罩的参数标准

项　目	儿童口罩要求
鼻夹长度（cm）	≥ 5.5
口罩带与口罩体连接断裂强力（N）	≥ 5
细菌过滤效率（%）	≥ 95
颗粒物过滤效率（非油性）（%）	≥ 90
通气阻力（Pa）	≤ 30
耐干摩擦染色牢度（级）	≥ 4
环氧乙烷残留量（μg/g）	≤ 10
甲醛含量（mg/kg）	≤ 20
pH 值	4.0~7.5
可分解致癌芳香胺染料（mg/kg）	禁用
阻燃性能	不易燃材料，口罩离开火焰后燃烧时间不大于 5s

此外，国家最新发布了 GB/T38880—2020《儿童口罩技术规范》标准，主要
用于儿童在生活中为主动防御空气污染、花粉、飞沫、分泌物等对人体健康有害
的物质时而佩戴的口罩，涵盖阻隔型和防护型两类口罩，适用对象年龄界定为
3~14 岁的少儿。基本要求中包括材料要求、安全性要求和外观质量要求，在色
牢度、甲醛指标、pH 值指标、可分解致癌芳香胺染料、环氧乙烷残留量、呼吸
阻力、防护效果、过滤效率、微生物、阻燃性能等方面分别做了严格要求，具体

参数标准如表 4.6 所示。

表 4.6 GB/T38880—2020《儿童口罩技术规范》参数标准

项目	儿童口罩要求
鼻夹长度（cm）	≥ 5.5
口罩带与口罩体连接断裂强力（N）	儿童防护口罩≥ 15 儿童卫生口罩≥ 10
细菌过滤效率（%）	≥ 95
颗粒物过滤效率（非油性）（%）	≥ 90
通气阻力（Pa）	≤ 30
甲醛含量（mg/kg）	≤ 20
pH 值	4.0~7.5
可分解致癌芳香胺染料（mg/kg）	禁用
环氧乙烷残留量（μg/g）	≤ 10
耐干摩擦染色牢度（级）	≥ 4
耐唾液色牢度（级）	≥ 4
阻燃性能	不易燃材料，口罩离开火焰后燃烧时间不大于 5s

4.4 儿童口罩的佩戴方法

儿童佩戴口罩需注意以下事项：

由于儿童脸型较小、面部尺寸差异大、呼吸系统发育尚未成熟和自主控制能力较差等特点，在佩戴口罩时可能出现呼吸不畅、压迫压痛、密合性不够等种种问题，因此佩戴时需要注意下述几点，以确保儿童佩戴口罩的安全性、防护性和舒适性。

① 36 个月及以下婴幼儿不宜戴口罩，以免引起窒息；

② 儿童可能无法掌握正确使用呼吸防护用品的方法，宜采用耳挂式口罩带以便于佩戴和摘下，且对头部活动影响较小；

③ 有些儿童在感觉不适时可能无法自主停止使用，儿童戴口罩期间监护人

需要观察口罩佩戴者呼吸是否通畅，如在佩戴口罩过程中感觉不适，应及时调整佩戴方法或停止使用；

④ 防护口罩要求家长在使用之前阅读并正确理解使用说明，并需家长帮助完成佩戴，以免佩戴不当产生压迫感或压痛现象；

⑤ 不建议儿童佩戴具有密合性要求的成人口罩，因为儿童的脸型较小，与成人口罩不匹配，易因口罩与脸部无法充分密合引起边缘泄露；

⑥ 根据儿童年龄选择适合尺寸的口罩，通常长度 8~10 cm 的口罩比较适合儿童佩戴使用，若大小可以调节则更好；

⑦ 佩戴前要洗手，保持手部干净；

⑧ 佩戴口罩时一定要分清里外、上下，再把口罩里层贴合鼻、口，拉绳挂上两耳或头部，充分展开折面、调整鼻夹，使整个口罩完全贴合脸部；

⑨ 注意定期更换，使用后不能随意丢弃，应将口罩放入专门的有害垃圾箱、医用废弃物箱或废弃口罩专用箱。

参考文献

[1] 叶芳. 口罩分类及原理介绍 [J]. 标准生活，2016（2）：18–23.

[2] GB 19083—2010. 医用防护口罩技术要求 [S]. 北京：中国标准出版社，2010.

[3] 张涛. 儿童口罩不能再"裸奔"下去 [N]. 郴州日报，2020–01–16（007）.

[4] GB 2626—2019. 呼吸防护　自吸过滤式防颗粒物呼吸器 [S]. 北京：中国标准出版社，2019.

[5] 魏峰，殷祥刚，于晞. 防护口罩测试标准的分析与思考 [J]. 产业用纺织品，2016，34（12）：38–41.

[6] GB/T 32610—2016. 日常防护型口罩技术规范 [S]. 北京：中国标准出版社，2016.

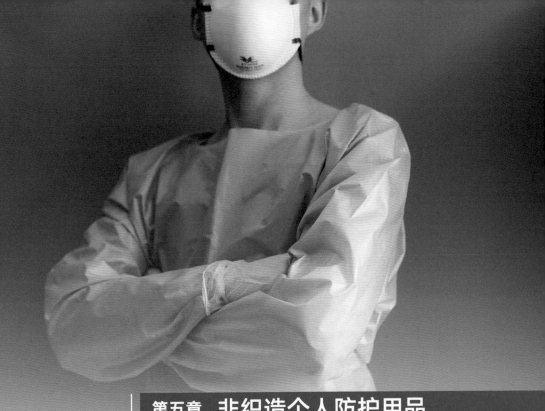

第五章 非织造个人防护用品
——身体防护服

在特定的场合中，当工作者暴露在一些对人体健康或安全有威胁的环境中时，需要穿着特定的服装进行防护。例如消防员在火场的抢险救援中需要穿着重型防护服，起到隔绝火源、阻断烟气的作用，从而保护消防员生命安全；医护人员在接触传染性或具有潜在感染性疾病的病患时，需要穿着一次性医用防护服，来隔绝病人的体液以及空气中的病毒和细菌；日常生活中孕妇在接触微波炉等电器时穿着防辐射服，来隔离电磁辐射，从而保护胎儿免受伤害。这些具有特定防护功能的服装统称为防护服。在国家标准GB/T 20097—2006《防护服 一般要求》中对防护服进行了定义：防护服是指防御物理、化学和生物等外界因素伤害人体的工作服。标准中规定了防护服的人体工效学、老化、尺寸、标识方面的一般要求和建议，并规定了生产厂商应提供的有关信息。本章对防护服的分类与用途，一次性医用防护服、隔离服、手术衣的发展历史、分类、面料及成衣的加工与制备、防护原理及国内外相关标准进行介绍。

5.1 防护服的分类与用途

防护服必须具备良好的防护性和满足不同使用场合下的功能性，如阻燃隔热、防辐射、耐酸耐碱性、抗撕裂和刺穿、液体阻隔性、气密性等。根据不同防护目的、应用场合以及防护原理，防护服需要满足以上一种或多种功能，以达到所需的防护效果。根据不同的穿着和工作场合，可大致将防护服分为以下几类：阻燃防护服，化学防护服，机械损伤防护服，电磁辐射防护服，医用防护服以及其他防护服等。图 5.1 和图 5.2 为不同种类防护服的实物照片。

（a）阻燃防护服 （b）化学防护服 （c）机械损伤防护服 （d）电磁辐射防护服 （e）一次性医用防护服

图 5.1 不同种类的防护服

图 5.2 医用防护服和警示防护服

5.1.1 阻燃防护服

阻燃防护服适用于在有明火、散发火花、在熔融金属附近操作和有易燃物质且具有发火危险的场所工作的人员穿着。阻燃防护服面料可以为经过阻燃整理的涤棉或棉织物。值得注意的是，阻燃防护服的阻燃性有限，并不适用于消防救援场合穿着，消防员应穿着具有更高阻燃级别并且具有烟气隔绝功能的重型防化服。根据国家标准 GB 8965.1—2009《防护服装 阻燃防护 第 1 部分：阻燃服》中的分类，阻燃防护服分为 A、B、C 三个级别。A 级适用于从事有明火、散发火花、在熔融金属附近操作有辐射热和对流热的场合穿用；B 级适用于从事在有明火、散发火花、有易燃物质并有起火危险的场合穿着；C 级适用于临时、不长期使用的服用者从事在有易燃物质并有起火危险的场合穿用。阻燃防护服的面料燃烧不可产生熔融和烧焦现象，另外，附件和辅料也不应使用易熔、易燃和易变形材料。

5.1.2 化学防护服（防化服）

化学防护服常被简称为防化服，是防护服中防护等级最高、防护功能性最强的一类防护服。化学防护服是指用于防护化学物质对人体伤害的服装。防护的化学物质包括酸、碱、有毒气体以及核污染等。主要穿着对象为消防员、应急救援工作者及其他需要接触有害化学物质的工作者。目前，针对化学防护服的国家标准主要有 GB 24539—2009《防护服装 化学防护服通用技术要求》、GB/T 23462—2009《防护服装 化学物质渗透试验方法》和 GB/T 24536—2009《防护服装 化学防护服的选择、使用和维护》。我国根据化学防护服的防护对象以及整体防护性能将其分为六类：气密型化学防护服、非气密型化学防护服、液密型化学防护服（喷射液密型化学防护服、喷射液密型化学防护服 –ET、泼溅液密型化学防护服）以及颗粒物化学防护服。其中，气密型化学防护服属于重型化学防护服，一般配备呼吸器，采用多层高性能防护复合材料制成，具有抗撕裂、抗刺穿、耐磨、阻燃、耐热、绝缘、防水密封等优异性能，能够全面防护各种有毒有害的液态、气态、烟态、固态化学物质，生物毒剂，军事毒气和核污染。重型化学防护服适合消防员进入化学危险物品或腐蚀性物品火灾或事故现场以及有毒、有害气体或事故现场寻找火源或事故点，抢救遇难人员，进行灭火战斗和抢险救援时穿着。其他几类均属于轻型化学防护服，一般采用尼龙涂覆聚氯乙烯（PVC）制成，重量较轻，适用于危险场所作业的全身保护，可以防止一般性质的酸碱侵害，不用配备呼吸器。

5.1.3 机械损伤防护服

机械损伤防护服是指用于避免机械和硬物对人造成损伤的服装，包括抢险救援服和警用防割服等。救援人员在实施抢险救援时经常会接触到尖锐利器，如石头、铁钉等。在这种情况下，一般服装可能会被刺穿然后发生撕裂，而结实的服装被刺穿后，不会继续撕裂而产生大的切口，因此破坏被抑制，同时阻止水、灰尘或化学物质的入侵，从而保护救援人员的安全。因此，机械损伤防护服必须具备良好的抗刺穿性和抗撕裂性等力学性能。机械损伤防护服面料可以是机织物、针织物，皮革或织物涂层、层压材料。国家标准 GB/T 20654—2006《防护服装 机械性能 材料抗刺穿及动态撕裂性的试验方法》以及 GB/T 20655—2006《防护服装 机械性能 抗刺穿性的测定》中对机械损伤防护服的力学性能做出了明确的规定。

5.1.4 电磁辐射防护服

如果人体长期暴露于辐射场中，容易诱发细胞病变从而引发癌症，孕妇在长期的辐射作用下容易导致胎儿畸形或死亡。因此需要穿着具有电磁辐射屏蔽效应的服装进行防护。电磁辐射防护服用于屏蔽对人体有害的电磁辐射，适用于在电磁波辐射量较高的区域作业人员的防护或日常接触如微波炉等辐射较高的家用电器时使用。电磁辐射防护服面料为金属混纺或织物经过金属化加工，使得织物具有反射或吸收电磁辐射的作用。电磁辐射防护服不能使用孤立和外露的金属件（如钮扣和拉链等），以防放电引发事故。国家标准 GB/T 23463—2009《防护服装 微波辐射防护服》中对其屏蔽性能、力学性能、透气性等进行了规定。

5.1.5 医用防护服

医用防护服是一个广义的概念，包括医疗环境下穿戴的各类服装。根据医用防护服的不同使用场合以及功能性，可将医用防护服分为日常工作服、手术衣、隔离服和一次性医用防护服等，如图 5.3 所示。值得注意的是，通常所说的医用防护服是狭义上的概念，指的是一次性医用防护服。表 5.1 列出了医用防护服的分类及用途。

（a）日常工作服　　　　　（b）手术衣　　　　　（c）隔离服　　　　（d）一次性医用防护服

图 5.3　医用防护服

表 5.1　医用防护服的分类及用途

分类标准	类型	定义	特点
按用途	日常工作服	医护人员日常工作中穿的白大衣，大多由纯棉或涤纶织物制成	只起到日常的基本防护作用
	手术衣	医生进行外科手术时所穿的专用服装，主要由水刺非织造材料或 SMS 非织造材料制成	做无菌处理，具有防护性能，能够阻隔病毒、细菌等
	隔离服	是用于医务人员在接触患者时避免受到血液、体液和其他感染性物质污染，或用于保护患者避免感染的防护用品，主要由 SMS 非织造材料和淋膜非织造材料制成	做无菌处理，可避免血液、体液和其他感染性物质的污染
	防护服	用于对医护人员在接触具有潜在传染性的患者血液、体液、分泌物、空气中的颗粒物等提供阻隔和防护作用，主要由覆透气膜纺黏非织造材料制成	做无菌处理，可避免血液、体液和其他传染性物质的污染
按使用寿命	一次性防护服	使用一次后丢弃（用于新冠病毒肺炎抗疫）	使用后即废弃，无需消毒、洗涤，使用方便，可避免交叉感染
	重复使用防护服	可重复多次使用（普通手术用）	使用后需要经过洗涤、灭菌处理等措施后再次使用

（续表）

分类标准	类型	定义	特点
按纺织材料加工方法	机织类	包括传统机织物、高密织物、涂层织物和层压织物面料	可重复使用，舒适性相对高，主要用于日常工作服
	非织造类	包括聚丙烯纺黏非织造基布覆膜、聚酯纤维与木浆复合水刺基布覆膜、非织造基布涂层、SMS 非织造材料（面料）等	基本都是一次性使用，具有更好的防护性，一般用于一次性医用防护服、隔离服、手术衣等

　　一次性医用防护服是临床医护人员在接触甲类或按甲类传染病管理的传染病患者时所穿的一次性防护品，主要用于阻隔具有潜在感染性患者的血液、体液、分泌物以及空气中的微颗粒，主要穿着对象是医护人员。隔离服是用于医护人员在接触患者时避免受到血液、体液和其他感染性物质污染，或用于保护患者避免感染的防护用品，患者可为皮肤大面积烧伤等自身屏障功能受损患者。隔离服的防护等级和阻隔性能要求均低于一次性医用防护服。另外，一次性医用防护服主要针对医护人员，是防止医护人员被感染的单向隔离；隔离服是既防止医护人员被感染或污染又防止病人被感染，属于双向隔离；手术衣是指医生在进行手术时穿着的服装，主要目的是阻隔病人的血液和体液，防止病人血液中携带的具有传染性的病毒如乙肝、艾滋病病毒等入侵人体，从而为医护人员提供良好的屏障作用。医用防护服主要对医护人员和患者起到隔离和防护的作用，因此，医用防护服必须具备良好的拒水性、拒血液性、拒酒精性和抗静电性（即三拒一抗），从而为穿着者提供良好的屏障作用，将穿着者与环境中、液体中所携带的病毒和细菌隔离开。根据不同的使用环境，以及服装上不同区域接触到血液的不同概率，一次性防护服面料对功能性的要求稍有差异，在生产和使用过程中应按需生产和选择。

　　根据医用防护服的使用寿命可将其分为一次性使用型（用即弃型）和重复性使用型；按照材料加工方法可以分为非织造材料类和机织类。非织造材料类通常为一次性使用型，机织类通常为重复使用型。重复使用型虽然实现了可循环利用，但是洗涤过程中容易降低服装的阻隔性并增加交叉感染的风险。因此，目前市场上主要以非织造材料制备的一次性型医疗用防护服为主流。常见医用防护服面料分为以下三类：

5.1.5.1 涂层面料

早期，多数企业采用湿法或干法聚氨酯、聚丙烯酸酯、聚偏氟乙烯在机织物上进行涂层整理，然后将此面料用于制作医用防护服。涂层面料的缺点是耐洗涤性差，洗涤过程中涂层会遭破坏，从而使服装失去液体阻隔性能。在医疗防护中已经逐渐被淘汰，其主要用在化学防护服上。

5.1.5.2 覆膜面料

常见膜部分主要为聚乙烯（PE）透气膜和聚四氟乙烯（PTFE）微孔薄膜。膜材料一般作为夹层和面层，分为两布一膜（SFS）和一布一膜（SF），膜起到主要的过滤和阻隔作用，基布材料可为棉织物、化纤织物以及纺黏非织造材料。其中织物/膜复合材料可用于制作可重复利用的手术衣，但是由于其制作成本高，高温洗涤和消毒之后容易产生膜与织物之间的分离，在市场上应用不广。而由于纺黏非织造材料成本低，一次性使用可以避免交叉感染，因此以非织造材料作为基材的膜复合材料（SFS）成为市场的主流产品，这种膜复合材料在液体阻隔性、透湿性与舒适性等功能上与涂层材料相比有一定的改善。目前，非织造覆膜材料被大量的用于一次性医用防护服的制作当中。图 5.4 为一次性医用防护服的照片。

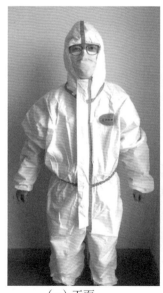

| （a）正面 | （b）侧面 | （c）背面 |

图 5.4　一次性医用防护服

（a）正面　　（b）背面

图 5.5　隔离服

5.1.5.3 纺黏熔喷非织造材料

这种非织造材料将纺黏布（S）的高强度、横纵向强力差异小的特征和熔喷布（M）的高屏蔽、防水性优点相结合，形成具有较强的防水性、良好的透气性与高效的阻隔性能的材料，能够更有效地屏蔽血液和细菌等。目前在医用防护方面应用较为广泛。该材料一般制备成纺黏-熔喷-纺黏的三明治结构（SMS）。SMS 通常简称为纺熔非织造材料，是 SSMS SMMS SSMMMS SMMMS SSMMMS 或 SMXS 等复合非织造材料的统称。其中的 X 代表了熔喷层。通过控制熔喷非织造材料、纺黏非织造材料的层数和面密度，可调控微细颗粒物质等的过滤和阻隔效率。SMS 被大量用于隔离服和手术衣的制作中。

隔离服和手术衣通常为"倒背衣"（图 5.5），即衣服从前面往后穿，之后在背后用系带系紧。这种设计的好处是保证背后的透气性，从而提高穿着的舒适性，并且保证身体的正面部分被充分遮挡，以便更好地隔断从前面飞溅而来的体液和污物。

5.1.6　其他防护服

除以上提及的在特殊场合穿着的具有特定防护功能的防护服之外，在不具有对人体安全产生高威胁性的工作场合中穿着的普通防护服均归纳为其他防护服。其他防护服只需要满足穿着时的力学性能、舒适性、警示性、简单的隔离性等要求，一般使用耐磨性较高的机织布作为面料，可以多次重复使用与洗涤。其他防护服包括劳动防护服、高可视性防护服和虫类防护服等。我国现主要有三项相关标准对其功能性做出规定，包括 GB/T 13640—2008《劳动防护服号型》、GB 20653—2006《职业用高可视性警示服》、GB/T 28408—2012《防护服装 防虫防护服》。劳动防护服功能性要求低，主要设计目标为合身性与舒适性，用于保护内层衣服，防止沾污，穿着者为农业劳动者或清洁人员。高可视性警示服适用于交通警察、道路作业者和铁路维修人员等穿着。该警示服能在视觉上表现出穿着者的存在，比如在白天任何光线条件下以及夜间车前灯照射下，保证穿着者具备一定的

可视性，当危险情况出现时，司机有足够的时间采取刹车或避让行动，避免发生
事故，对作业人员的人身安全起到一定的保护作用。防虫防护服主要用于存在
蚊虫、蚂蚁等昆虫侵扰的环境中，工作人员穿着后，能够有效避免昆虫的叮咬。

5.2 一次性医用防护服

根据国家标准 GB1 9082—2003《医用一次性防护服技术要求》的定义，一次性
医用防护服是用于医护人员在接触具有潜在感染性的患者血液、体液、分泌物、空
气中的颗粒物等时提供阻隔和防护作用的。由于病患的体液和血液中可能携带病毒，
如果可以把液体有效地阻隔在外面，则会对医护人员起到很好的保护作用。一次性
医用防护服根据款式可分为连体式［图 5.6（a）］和分体式［图 5.6（b）］。在甲类或
按甲类管控的传染病的治疗中，一般均穿着密闭性较好的连体式防护服装（图 5.7）。

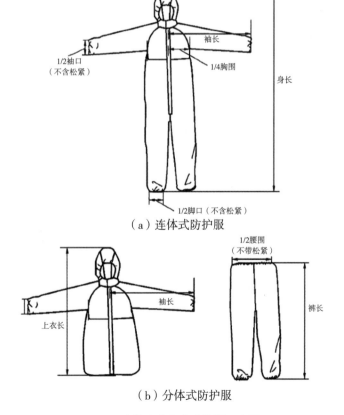

（a）连体式防护服

（b）分体式防护服

图 5.6　连体式分身式防护服示意图
（图片来源：GB 19082—2003）

（a）佩戴N95口罩　　　　　　　　（b）佩戴一次性医用口罩

图 5.7　一次性医用防护服（连体式）穿着效果图

5.2.1　一次性医用防护服的发展历史

目前所能知道的关于医用防护服的起源和早期发展的资料多数是从风俗画、素描和一些趣闻轶事中得到的，但那时穿医用防护服的目的并不是防护人体免受伤害，而是为了保护衣服不被血液或分泌物沾污。在一幅 1875 年的画中，医生做手术时穿着的一件黑色外套被认为是最早的医用防护服，通常称手术衣。早期手术衣的材料一般是棉质的。二战期间，美国的军需部门为适应当时的作战条件，使用一种非常厚密的织物制作军装。这种织物用极细的比马丝光棉织成，再用含氟整理剂结合吡啶季铵盐或三聚氰酰胺疏水物进行防水整理，具有优异的拒水效果，完全适应了当时的需要。战后，这种拒水织物市场需求量增加，开始用于生产外科手术衣。1980 年，医疗机构开始研发并使用医用屏蔽织物，其目的是保护患者不受医护人员身上或衣服上细菌的感染。进入 20 世纪 90 年代后，随着各种传染性疾病被发现，为了隔绝微生物和血液的渗透，阻隔织物、层压织物和涂层织物等防护材料开始渐渐发展了起来。在对传染病患者进行隔离护理时，也需要对医护人员进行身体防护，医院隔离病房使用的隔离衣便逐渐成为一类专用的防护服。

5.2.2　一次性医用防护服的分类

目前，一次性医用防护服主要采用非织造材料作为主体面料。使用较多的非织造材料包括覆膜非织造布（基布为水刺非织造布或纺黏非织造布）和闪蒸法非织造布（Tyvek），如图 5.8 所示。覆膜非织造布分为两布一膜和一布一膜两种工艺。其中两布一膜工艺的覆膜非织造布为夹心结构，由外面两层非织造布夹住芯层的透气微孔膜组成。透气微孔膜的主要原料为聚乙烯（PE）和聚四氟乙烯（PTFE），而由于 PTFE 的价格昂贵，市场上的产品以 PE 为主。

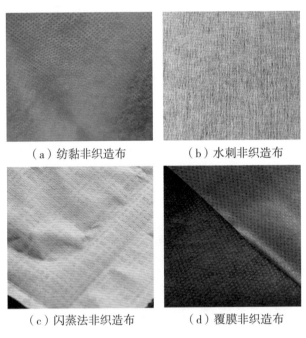

（a）纺黏非织造布　　　　　（b）水刺非织造布

（c）闪蒸法非织造布　　　　（d）覆膜非织造布

图 5.8　一次性医用防护服用非织造材料
（a、b、d 图源自互联网，c 图源自杜邦官网）

纺黏非织造材料的加工方法为纺黏法，也称熔融纺丝直接成网法。树脂颗粒经螺杆挤出机熔融后被挤出，经冷空气牵伸成丝，牵伸后的长丝直接铺网，再经过加固（热轧、热风等）而形成具有一定力学性能的非织造布。纺黏非织造布主要原料为聚丙烯（PP），由于聚丙烯本身的疏水性，赋予非织造材料具有良好的拒水性能。其手感和力学性能与传统纺织品比较接近，价格低廉。因此，纺黏非织造布是一次性医用防护服中使用量最大的非织造材料。

水刺非织造材料的加工方法为水刺法，也称射流喷网法。纤维先经梳理机梳理，使纤维定向或随机排列形成均匀的纤维网，之后，通过高速水射流对纤网喷射，在水针压力作用下使纤网中纤维运动而重新排列并相互缠结，固结成布。用作一次性医用防护服的水刺非织造材料主要原料为黏胶和涤纶。水刺布作为一次性医用防护服面料具有与传统机织物接近的手感与穿着舒适性。

非织造布／膜复合防护面料—覆膜材料通常是将非织造基布与透气微孔膜复合，根据具体应用的环境不同，所使用的基布、膜材也是有差别的，覆膜形式有一布一膜或两布一膜。用于医疗防护环境的产品，基布采用具有较好力学性能的纺黏非织造布和水刺非织造布，可以起到支撑和保护内部透气微孔膜的作用。另外，与水刺基布相比，由于纺黏非织造布具有一定的疏水性，也可实现对液体更高的阻隔作用。

常用透气微孔膜原料为聚乙烯（图 5.9）和聚四氟乙烯（PTFE）（图 5.10）。PE 微孔透气膜采用流延成形工艺。原材料聚乙烯和纳米级碳酸钙，经复配造粒后作为切片原料。经干燥、计量混合、熔融挤出、流延铸膜、电晕处理、纵向拉伸、热定型、在线测厚、分切、收卷，制成具有防水透气功能的薄膜。常规产品聚乙烯和碳酸钙质量比约为 $1:1$，面密度为 15~35 g/m^2。在薄膜拉伸取向时

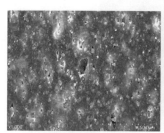

（a）微观表面　　　　　（b）微观截面　　　　　（c）实物图

图 5.9　PE 透气微孔膜

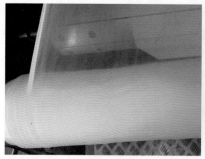

（a）产品图　　　　　（b）扫描电子显微镜下的微观结构

图 5.10　PTFE 透气微孔膜

聚合基材被拉伸而在碳酸钙周围形成孔隙，即微孔，得到具有透湿功能的多孔膜。PTFE 微孔膜也采用拉伸法制备，不同于 PE 膜的是，PTFE 是在原料中加入助剂，压延成膜后经干燥萃取，助剂挥发而形成微孔。在各类产品中，纺黏/膜材料的液体阻隔和过滤性能最佳，可以有效地隔断传染病病毒对人体的入侵。SFS 材料对非油性固体颗粒的过滤效率可达 99%，远高于 GB 19082—2003《医用一次性防护服技术要求》中所规定的 70%。

SF 或 SFS 这类覆膜非织造材料是先分别生产出基布和透气微孔膜之后，利用热熔胶（熔胶温度在 125~180 ℃）将基布和微孔透气膜进行喷胶黏合（覆膜用喷胶机如图 5.11 所示），即离线复合。一布一膜（SF）典型的覆合工艺配比是非织造基布 50 g/m²、PE 膜 20 g/m²、胶 2~4 g/m²，覆膜产品阻隔性能良好。一般覆膜非织造材料离线热熔胶复合的速度为 100~150 m/min，之后再进行切割成为一次性医用防护服用面料，如图 5.12 所示。其中，一布一膜只有一次喷胶贴合工艺，两布一膜需要经过两次喷胶贴合。

图 5.11 覆膜用喷胶机（图片源自依工玳特纳）

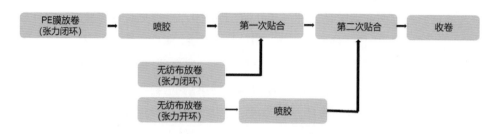

图 5.12　SF、SFS 生产工艺流程图

　　闪蒸非织造材料作为医用防护服的另一种主要面料，其加工工艺为闪蒸法，又称为瞬时溶剂挥发纺丝成网法。方法是将高聚物溶解在溶剂中，然后通过喷丝孔挤出，使溶剂迅速挥发而成为纤维，同时利用静电发生器或静电盐添加剂形成静电场，使丝条在拉伸过程中相互摩擦形成静电分丝，彼此相互排斥保持单纤维状态，然后靠静电装置使纤维凝聚成网，纤网再经热轧便形成了闪蒸法非织造布。代表性产品为 Dupont 公司的 Tyvek（图 5.13），其以聚乙烯为主要原料，目前在工业领域应用已经很广，在医疗防护领域的前景也十分可观。

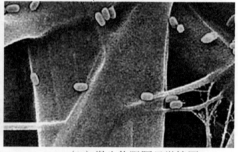

（a）防水透气效果图　　　　　　　　　　（b）微生物阻隔显微镜图

（c）扫描电子显微镜下的微观结构

图 5.13　Tyvek 产品材料微观图
（图片取自杜邦官网）

无论是非织造基布覆膜而成的医用防护服面料，还是闪蒸法制备而成的医用防护服面料，由于多采用 PP、PET 和 PE 作为主要原料，该面料摩擦容易产生静电，影响使用性能。因此一般在完成面料生产后、制衣前，需要进行抗静电处理。市场上常用的抗静电加工方法有以下三种：①抗静电整理剂整理；②以提高材料吸湿性为目的的纤维接枝改性、亲水性纤维的混纺；③添加导电纤维。第一种方法应用较为广泛，SFS 或 SF 覆膜非织造材料也是采用抗静电剂整理的方法，赋予材料抗静电性能。而木浆复合水刺非织造手术衣材料由于含有亲水性纤维木浆，不需要再经过任何抗静电整理。各种抗静电剂分子可赋予材料表面一定的润滑性，可降低摩擦系数，抑制或减少了静电荷产生。不同类型的抗静电剂的化学组成和使用方式不同，故其作用机理不同。抗静电整理剂又分非耐久性抗静电整理剂和耐久性抗静电整理剂。

5.2.3 一次性医用防护服的制备方法

一次性医用防护服的制备方法可以分为制衣、灭菌和检验三部分。防护服在裁剪缝制后，必须经过环氧乙烷灭菌或其他灭菌方法处理，之后再通过合成血液渗透、透湿量和力学性能等各项测试，达到 GB 19082—2003 中所规定的指标后方可投入市场。一次性医用防护服制备及检测流程如图 5.14 所示。

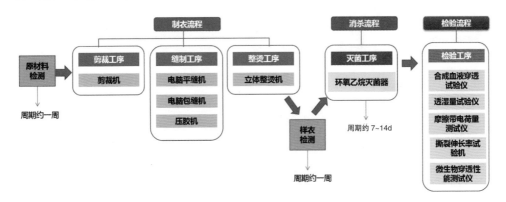

图 5.14 一次性医用防护服制备及检测流程

5.2.3.1 制衣

一次性医用防护服的制作首先要选取好原材料，原材料包括覆膜无纺布和辅料。一套一次性医用防护服的材料包括：医用防护密封条（8~10 m）、主面料

（3~3.3 m）、拉链（0.8~1 m）、魔术贴（少量）和松紧带（3~5 m）等。材料选定后便可投入生产。图 5.15 为一次性医用防护服制衣流程。

生产一次性医用防护服主要使用裁剪机、平缝机、包缝机和压胶机等设备（图 5.16、图 5.17）将符合防护要求的面料经过裁剪、缝制、上松紧、黏合压胶条等工艺处理制作成衣。其中，贴胶用胶条为医用胶条，目的是将缝线处密封，防止液体、病毒和细菌等由缝合处的针眼入侵人体。

防护服要求干燥、清洁、无霉斑，表面不容许有黏连、裂缝、孔洞等缺陷。防护服连接部位可采用针缝黏接或热合等加工方式，针缝的针眼应密封处理，针距每 3cm 应为 8 针至 14 针，线迹应均匀、平直，不得有跳针。同时，黏接或热合等加工处理后的部位应平整、密封、无气泡，这些外观上的规定是为了保证防护服使用时的安全可靠，防止小的缺陷对医护人员的安全造成威胁。防护服拉链不能外露，拉头应能自锁。图 5.18 为一次性医用防护服生产车间。

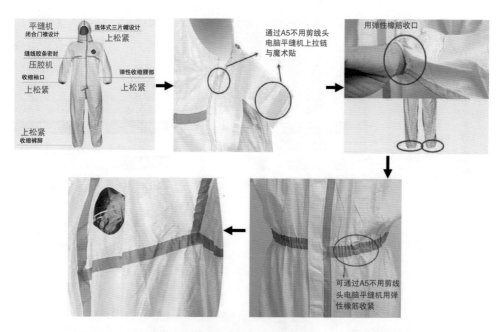

图 5.15　一次性医用防护服制衣流程：基础缝合；上拉链和魔术贴；
袖口、脚踝、帽子处上皮筋；腰部压橡筋；黏合压胶条

图 5.16　一次性医用防护服面料裁剪机
（图片来源：互联网、设备源自 Gerber Cutter）

（a）平缝机　　　　　（b）包缝机　　　　　（c）包边机　　　　（d）超声波切边贴胶机

图 5.17　生产一次性医用防护服用缝纫机或超声波贴胶机
（图片来源：互联网）

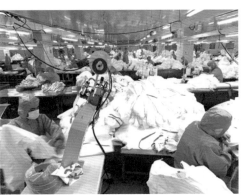

（a）缝制车间　　　　　　　　　　　　　（b）贴胶条车间

(c) 包装车间

图 5.18　一次性医用防护服生产车间

5.2.3.2 灭菌处理

医用防护服的灭菌处理主要采用化学灭菌法中的环氧乙烷熏蒸法，主要包括预处理、灭菌、解析三大流程。图 5.19 所示为环氧乙烷灭菌小型实验设备。预处理是给待灭菌产品进行预热及加湿。预热是将被灭菌物品放入灭菌容器内进行加热，使物品达到一定温度，可根据物品本身的耐受温度进行不同要求的预热。如温度较高时可适当缩短灭菌周期，一般环氧乙烷混合气体的灭菌温度可在 20~60℃。预湿在熏蒸灭菌前进行，一般可把相对湿度调整到 30%，以保证后续良好的灭菌效果。预湿之后进行灭菌。方法是通入环氧乙烷和二氧化碳混合气体，使产品暴露在其中。环氧乙烷与二氧化碳混合气体熏蒸灭菌作用时间，根据被灭菌物品的性质、特点及灭菌对象来决定。但必须考虑以下两点因素：①温度：温度每增加 10 ℃，灭菌率可增加 2.74 倍，作用时间可相对缩短；②浓度：环氧乙烷浓度增加一倍，作用时间可缩减一半。最后是解析，采用通风和加热系统将产品上吸附的环氧乙烷气体析出。GB 19082 中规定，一次性医用防护服的环氧乙烷残留量不得超过 10 μg/g。

图 5.19　环氧乙烷灭菌设备
（设备源自 MEDFUTURE 公司 http://www.
medfuture.net）

5.2.3.3 性能检测

一次性医用防护服制作完成后，需根据 GB 19082—2009 中的规定进行测试。

主要测试参数包括：①抗渗水性，防护服关键部位静水压应不低于 1.67 kPa；②透湿性，防护服材料透湿量应不小于 2 500 g/（m² · d）；③表面抗湿性，防护服外侧面沾水等级应不低于 3 级要求，抗合成血液穿透性能等级不低于 2 级；④防护服关键部位材料的断裂强力应不小于 45 N；⑤防护服关键部位材料的断裂伸长率应不小于 15%；⑥防护服关键部位材料及接缝处对非油性颗粒物的过滤效率应不小于 70%。一次性医用防护服的主要性能要求如图 5.20 所示。

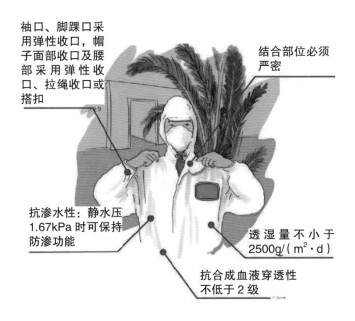

袖口、脚踝口采用弹性收口，帽子面部收口及腰部采用弹性收口、拉绳收口或搭扣

结合部位必须严密

抗渗水性：静水压 1.67kPa 时可保持防渗功能

透湿量不小于 2500g/（m² · d）

抗合成血液穿透性不低于 2 级

图 5.20 一次性医用防护服的主要性能要求

5.2.4 一次性医用防护服的防护原理

由于一次性医用防护服是医务人员在接触甲类传染病病人时用以隔断其携带传染性病毒的体液所穿着的服装，因此一次性医用防护服面料必须具有良好的拒水性（图 5.21）和抗静电性，液体不可穿透面料，也不可在面料上扩散。当外界液体如带有病菌的血液、体液以及分泌物等飞溅到防护服上时，由于防护服的原料是疏水的，可起到有效的液体阻隔作用，从而阻止飞液中的细菌和病毒侵入人体。另外，由于一次性医用防护服经过抗静电处理，空气中带电荷的颗粒物不容易吸附在防护服表面，从而保持防护服清洁。

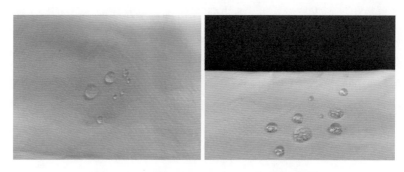

图 5.21　一次性医用防护服面料拒水效果图

　　非织造覆膜材料中，由于透气微孔膜具有疏水性，当外界携带病毒的体液喷溅到一次性医用防护服上时，液体呈珠状滚落，而不易在面料上铺展，同时液体也不会渗透面料，可有效阻止病毒和细菌入侵人体。防护面料结构及防护原理如图 5.22 所示。当面料经过抗静电处理之后，面料表面摩擦系数降低，同时摩擦带静电量下降，从而防止因摩擦带静电吸引空气中带电尘埃对防护服产生的污染。

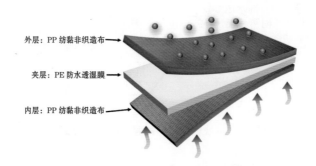

外层：PP 纺黏非织造布

夹层：PE 防水透湿膜

内层：PP 纺黏非织造布

图 5.22　SFS 防护面料结构及防护原理图

5.3　隔离服

　　隔离服是用于医护人员在接触患者时避免受到血液、体液和其他感染性物质污染，或用于保护患者避免感染的防护用品。值得注意的是，隔离服与一次性医用防护服原理相似性高，常被混为一种。一次性医用防护服主要用于在传染病的治疗中穿着，如新冠肺炎重症监护病房（ICU），方舱等环境，目的是为了防止病毒的交叉传染，单向地保护医护人员。而隔离服起到隔离作用，用于环境相对宽松的领域。目前，国内隔离服的标准有湖北省的地方标准，DB42/245—2003《一次性防护隔离服通用技术条件》。2020年3月，国家市场监督管理局批准了一项关于隔离衣的国家标准，GB/T 38462–2020《纺织品 隔离衣用非织造布》，即将在2020年10月1日实施，具体细节尚未公布。

图5.23展示了隔离服的穿着效果图。其中，蓝色的为倒背衣，材料为非织造基布淋膜材料，倒背设计可增加服装的舒适性，从而缓解淋膜所带来的密闭性。白色的纺熔复合非织造材料制作的隔离服则具有相对较好的耐静水压和透气性。

（a）淋膜材料隔离服　　　　　　（b）SMS复合非织造材料隔离服

图5.23　隔离服穿着效果

5.3.1 隔离服的使用场合

隔离服适用于医疗和防疫工作者穿戴，以起到防护和隔离感染性疾病的作用。穿隔离服的场合有：①接触经接触传播的感染性疾病患者如传染病患者、多药耐药菌感染患者等时；②对患者实行保护性隔离时，如大面积烧伤患者、骨髓移植患者的诊疗、护理时；③可能受到患者血液、体液、分泌物、排泄物喷溅时；④进入重点部门如 ICU、NICU、保护性病房等时要否穿隔离服应视医务人员进入目的及与患者接触状况而定。

5.3.2 隔离服的材料与结构

常见的隔离服主体面料为纺黏－熔喷－纺黏复合非织造材料（SMS）和淋膜纺黏非织造材料。

5.3.2.1 纺黏－熔喷－纺黏复合非织造材料（SMS）

SMS 复合非织造材料是利用热轧或超声波黏合等热黏合方式将纺黏和熔喷非织造布复合在一起的材料。其中，材料经过热黏合之后，在布面上存在清晰的轧点，从界面图上可以清晰地看到黏合处结合为一体，未轧到的地方存在三明治结构，如图 5.24 所示。图 5.25 为 SMMS 复合非织造材料的结构及防护原理图。

根据复合方式的差异，SMS 分为离线复合和在线复合：前者将已分别生产出的纺黏布、熔喷布、纺黏布顺次铺好后通过相应的黏合加固形成复合布；后者是将熔喷装置设在两个纺黏纺丝成网系统之间，将一层或者多层熔喷纤维网铺置到第一层纺黏纤网之后，又由第二层纺黏纤网将其覆盖，形成三层或多层的复合纤网，然后热轧固结，如图 5.26 所示。根据使用时阻隔性和功能性的不同要求，可适当调整 S 和 M 的层数。SMS 复合技术将纺黏布较高的强度和熔喷布良好的阻隔性能加以结合，相互取长补短。

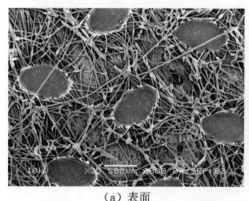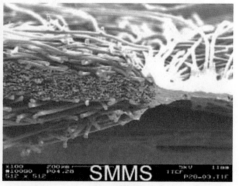

（a）表面　　　　　　　　　　　　（b）截面

图 5.24　扫描电子显微镜下 SMMS 复合非织造材料的结构

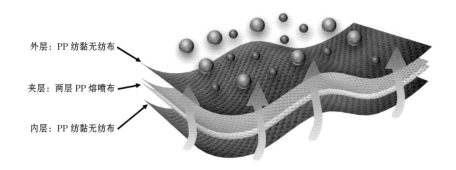

外层：PP 纺黏无纺布

夹层：两层 PP 熔喷布

内层：PP 纺黏无纺布

图 5.25 SMMS 复合非织造材料的结构及防护原理

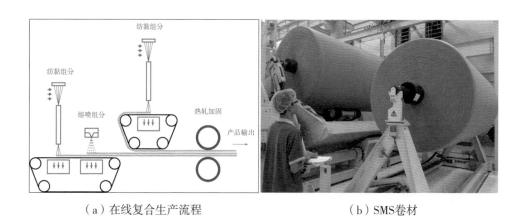

（a）在线复合生产流程　　　　　　　（b）SMS卷材

图 5.26 在线复合生产流程和 SMS 卷材成品

5.3.2.2 淋膜非织造材料

淋膜工艺是将树脂颗粒（常用原料为聚乙烯）经熔融后挤压到基材（非织造材料、纸、织物等）上，并迅速冷却成膜后得到的淋膜产品，如图 5.27 所示。与覆膜材料相比，淋膜材料的面密度大，膜与基材不易剥离，可制备多种花纹等。目前广泛应用于化妆品、家纺、烟酒、珠宝及其他礼品的包装上。

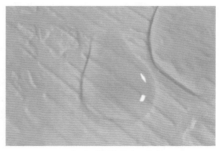

（a）淋膜纸　　　　　　　　　　　　　（b）淋膜非织造布

图 5.27　淋膜材料（图片来源：互联网）

在纺黏非织造材料（主要原料为聚丙烯）上淋 PE 膜，制成的淋膜非织造材布（图 5.28），可作为隔离服用材料。该淋膜非织造材料与 SF/SFS 覆膜非织造材料具有相同的液体阻隔和气密性。但是，淋膜材料的透气性与穿着舒适性都低于 SF、SFS 材料，因为后者的膜为微孔膜，而前者是直接在基材上冷却成膜并熔融加固，以致淋膜非织造布上的膜是致密无孔的，具有很好的阻隔性。

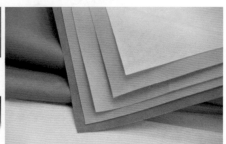

（a）无纺布淋膜机　　　　　　　　　　（b）淋膜非织造布

图 5.28　XD-L1300 无纺布淋膜机与淋膜非织造布
（图片来源：互联网。设备源自瑞安市鑫达包装机械有限公司）

5.3.3　隔离服面料的后整理

为了满足隔离服在使用过程中的功能性，需要对隔离服所用的非织造面料进行后整理，如拒水、拒血液、拒酒精和抗静电处理等，即三拒一抗处理。其中，淋膜无纺布由于膜的存在，其拒液性能极好，液体无法穿透材料，因此无需进行拒液整理。但由于 PE 容易因摩擦而携带静电荷，因此需要进行一定的抗静电处理。

SMS 隔离服面料的拒液整理是为了提高材料表面的疏水性。材料表面的亲疏水与接触角相关。当接触角小于 90° 时，液体容易在材料表面浸润，材料表现为亲水性；当接触角大于 90° 时，液体不容易在材料表面浸润，面料表现为疏水性。因此，拒液整理的目的就是要增加液体在材料表面的接触角。而直接影响接触角的是材料的表面张力。因此，要提高接触角，就必须要降低面料的表面能。固体表面能越低，越不容易被液体沾湿。所以，在拒液整理中，通常选用低表面能的氟整理剂对其表面进行处理，使其获得疏水性能。图 5.29 为SMMS 面料的结构和阻隔性能示意图。

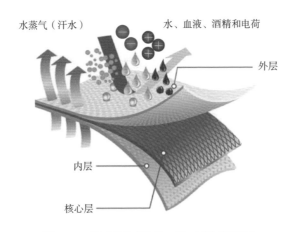

图 5.29　隔离服面料"三拒一抗"原理图

隔离服面料使用的聚丙烯和聚乙烯都是电的不良导体，在生产、运输、服用过程中，会由于摩擦等原因，织物表面产生严重的静电现象。目前，主要的抗静电处理是为面料涂覆抗静电剂。各种抗静电剂分子可赋予高分子材料表面一定的导电性，以降低摩擦系数，从而抑制和减少静电荷产生，使面料具有抗静电性。

5.3.4 隔离服的生产与检测

隔离服面料准备完毕后，则可进行隔离服的生产。通常，将淋膜的纺黏非织造材料或经过三拒一抗的 SMS 非织造材料进行裁剪、缝合和上松紧等一系列流程制作成隔离服，隔离服的生产工艺流程如图 5.30 所示。与一次性医用防护服一样，隔离服成衣后需要进行灭菌处理。

图 5.30 隔离服的生产工艺流程图

隔离服的环氧乙烷灭菌处理过程与一次性医用防护服类似，具体内容可参见本书 5.5.1 节。

成衣之后，隔离服需经过检测各项指标合格后方能投如市场。隔离服的主要检测项目包括力学性能和液体阻隔性能等。由于隔离服尚未有国家标准，各项性能指标未有统一的规定。湖北省的地方标准 DB42 / 245—2003《一次性防护隔离服通用技术条件》中，隔离服面料的性能要求：面密度 > 45 g/m^2，静水压 > 17.7 Pa H_2O；纵向断裂强力 > 90 N、断裂伸长率 > 28%；横向断裂强力 > 45 N，断裂伸长率 > 50%。

5.4 手术衣

手术衣是指在外科手术过程中医生和护士穿着的服装（图 5.31），目的是防止病原体通过病人的血液和体液在病人和医务人员之间传播。由于手术衣上不同部位，如胸前、手臂、后背等，接触血液的概率是不同的，因此手术衣上不同部位的面料应具有不同的拒水性和抗血液穿透性。除此之外，不同的穿着者接触血液的概率也不同，如主刀医生、助手、麻醉师等，他们穿着的手术衣也有着不同等级的防护性能要求。

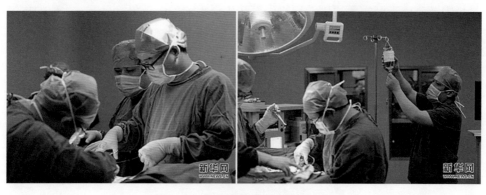

图 5.31 医生穿着手术衣进行手术
（图片来源：新华网）

5.4.1 手术衣的发展历史

在中世纪，手术过程无任何防护措施，80% 的患者在术中或术后死亡。19 世纪末，英国医生提出了采用石炭酸对手术器械及手术室敷料进行消毒，同时也鼓励医生穿着消毒后的衣物进行手术操作，以防止病原体侵袭，但此时并未开始使用手术衣。20 世纪 40 年代，随着灭菌及感染控制理念的不断深入，手术衣开始普及，但这个时候的手术衣普遍采用疏松结构的全棉面料，由于其松软、透气的特性，同时能够在一定程度上防止环境中的各种液体侵入，从而被大多数使用者所认可。但是，全棉手术衣并没有从根本上解决病菌侵袭的问题。20 世纪 50 年代，随着非织造材料产业的发展，非织造材料制备的一次性手术衣迅速占据了一部分的市场。经过几十年的发展，一次性手术衣以其较高防护性和材料强度的优势，开始占据美国手术衣市场。

21 世纪初期，美国手术衣市场中一次性手术衣的使用率高于 70%，欧洲也达到近 30%。复合非织造材料已普遍运用于手术衣的开发和生产中。而在当时的中国，除了部分有特殊需求的手术外，大部分手术中仍使用全棉材质的手术衣。国内医生认识到手术衣防护性的重要性是在 2003 年重症急性呼吸综合征（SARS）的大规模流行时期开始。

5.4.2 手术衣的分类

手术衣根据使用情况主要分为重复性使用手术衣和一次性手术衣，手术衣的穿着效果如图 5.32 所示。重复性使用手术衣主要选用普通棉织物、高密度聚酯纤维织物与聚乙烯（PE）、或弹性聚氨酯（TPU）、或聚四氟乙烯（PTFE）贴合膜复合而成的材料。一次性手术衣以 SMS/SMMS 手术衣为主，即以纺黏 – 熔喷 – 纺黏复合非织造材料为面料的手术衣，其中熔喷层多为 1~2 层。当手术衣需要更高的防护等级时，还可在 SMS 材料上复合透气微孔膜，从而对液体起到更好的阻隔作用。表 5.2 是不同材料手术衣优缺点比较。

棉类手术衣。棉类手术衣是最传统的手术衣，由全棉纱线或涤棉纱线织造而成。全棉手术衣虽然具有良好透气性，但是阻隔防护功能比较差。由于棉纤维本身具有良好的吸水性，体液、血液和酒精等液体容易沾在手术衣上并穿透和扩散，对病原微生物的阻隔性较低。随着更多可能携带肝炎 B 病毒（HBV）、艾滋

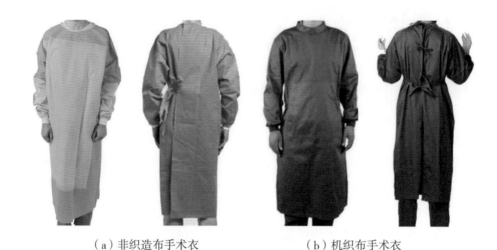

（a）非织造布手术衣　　　　　（b）机织布手术衣

图 5.32　手术衣穿着效果图
（图片来源：互联网）

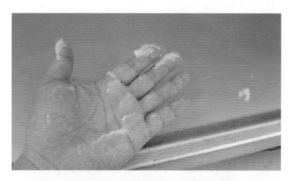

图 5.33　棉类手术衣洗涤后落絮情况

图 5.34　可洗手术材料洗衣房

病病毒（HIV）等各种传染性病原体的患者的增加，医务人员在手术过程中面临更大的感染风险。此外，全棉材料容易发生絮状物脱落（图 5.33）。图 5.34 为可洗手术材料洗衣房。

高密度聚酯纤维织物手术衣。该类织物主要以聚酯纤维纱线为主，在织物表面嵌入可以导电的物质，赋予织物一定的抗静电效果，从而提高穿着的舒适性。该类织物具有一定的疏水性，不易产生棉质脱絮，以及具备重复使用率较高的优点。

膜复合手术衣。该类手术衣是采用聚乙烯（PE）透气膜、弹性聚氨酯（TPU）、聚四氟乙烯（PTFE）透气膜和织物进行贴合而成材料制成。膜复合手术衣具有优异的防护性能及舒适的透气性，可有效阻隔血液、细菌甚至病毒。

聚丙烯（PP）纺黏非织造材料手术衣。相对于传统的棉布手术衣，该材料制成的手术衣价格低廉，力学性能优良，可以作为一次性手术衣的材料。但这种材料的抗静水压能力比较低，而且对病菌的阻隔效果也比较差。

聚酯纤维 / 木浆水刺非织造材料手术衣。水刺材料具有手感柔软和力学性能良好的特点，在服用性能上更接近传统的纺织品。同时，由于木浆本身具有良好的吸水性，该材料不需要经过抗静电处理。然而，和聚丙烯纺黏非织造材料一样，它的抗静水压也相对较低，对病毒粒子的阻隔效果也比较差，用该材料制成的手术衣需要经过拒液整理，或者覆膜后处理。

聚丙烯纺黏 – 熔喷 – 纺黏复合非织造材料（即 SMS）手术衣。该材料兼具了纺黏非织造材料良好的力学性能和黏熔喷材料良好的阻隔性能，成为了目前手术衣的主要材料。由于熔喷材料纤维细、孔径小、孔隙率高，具有优异的耐静水压性能，因此在液体阻隔方面具有优势。材料经过"三拒一抗"整理（拒酒精、拒血液、拒水和抗静电）后，则可更好地实现液体阻隔功能。SMS 非织造布在国内外手术衣中都得到广泛应用，常用来制作高档手术衣。

各中材料手术衣优缺点见表 5.2。

表 5.2　各种材料手术衣优缺点

手术衣种类	原料	优缺点
棉类手术衣	棉纤维，涤纶纤维纱线	透气性好，穿着舒适，但是经多次洗涤后阻隔防护功能变差，且易产生絮状脱落
高密度织物手术衣	涤纶长丝	力学性能优良，穿着较舒适，可重复使用，缺点是洗涤和灭菌之后的防护性能逐渐下降
多层贴合膜与织物复合的手术衣	聚乙烯（PE）透气膜、透气聚氨酯（TPU）、聚四氟乙烯（PTFE）透气膜	具有优异的防护性能，经灭菌后可重复使用，但是会损伤涂层，影响防护性能。
一次性非织造材料手术衣	聚酯纤维 / 木浆复合	具有良好的防护性，但其抗静水压及对病毒粒子的阻隔比覆膜面料差。在防止交叉感染方面具有优势

（续表）

手术衣种类	原料	优缺点
SMS复合非织造材料手术衣	PP（聚丙烯）纺黏-熔喷-纺黏	经过"三拒一抗"整理后具有优异的防护性能，具有较高的性价比

值得一提的是，现今手术衣大多为海军蓝色或者绿色，一般一次性手术衣为蓝色，棉布类为绿色，如图5.35所示。因为这两种颜色是人的内脏以及血液颜色的互补色（色相环上的相对色），这些颜色不容易引起视觉疲劳，沾染上血迹也不会对比明显。

（a）一次性手术衣（蓝色）　　　（b）棉布类手术衣（绿色）

图5.35　不同手术衣的颜色

5.4.3　手术衣的结构

手术衣的前胸及袖下段容易接触到污染物，所以被认定为是防护的关键区，也称重要部位，手术衣的后片被认定为防护的非关键区。手术衣关键区面料的面密度为55~95 g/m²，非关键区面料面密度为35~75 g/m²。另外，由于不同穿着者对手术衣的防护性能要求不同，手术衣面料的单位面积质量也不同。例如，美国标准 AAMI PB70：2012 针对医疗环境下使用的防护服装的液体阻隔性能提出了要求和分类。该标准根据不同的使用环境及不同部位将防护要求分为4个等级，并将防护服分割成4个区域。如图5.36所示，外科手术衣的前面（区域A、B和C）至少应具备1级防护性能，抗渗水性应大于等于20 cm H₂O。

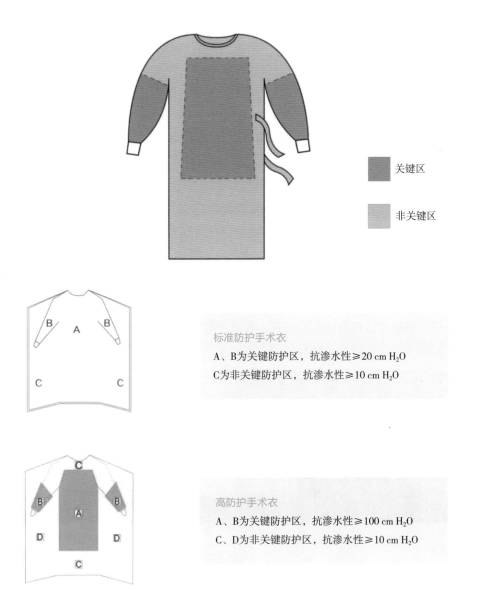

图 5.36　外科手术衣的关键区与非关键区
（图片取自标准 EN 13795）

其背面（区域 D）可以是非防护性的，抗渗水性应大于等于 10 cm H_2O。但由于在手术过程中要一直保持干燥，各区域之间的接缝至少应具备防护性能较差的这个区域的防护等级。欧盟标准 EN 13795 划分了手术衣的关键区与非关键区。

5.4.4 手术衣面料的后整理

为了提高手术衣在手术过程中的防护性，提高医护人员的安全性，尽管覆膜非织造材料本身具有一定的拒液性，仍然需要对其进行后整理。主要的后整理包括三拒一抗和灭菌处理，其中，木浆水刺覆膜材料吸水性好，不易起静电，无需做抗静电处理。但是其吸水性却使得其对液体的阻隔性能较差，因此必须进行拒液整理。具体内容可参见隔离服的拒液整理。

液体在非织造材料上的亲疏水测试如图 5.37 所示。当液体滴落在疏水非织造材料上时，液体呈珠状并滚落，类似荷叶上的露珠，因此无法浸润和穿透材料。拒液整理就是要增加液体在非织造材料表面的接触角，直接影响接触角的是材料的表面张力。因此，要提高接触角，必须降低非织造材料的表面能，固体表面能越低越不容易被液体沾湿。在拒液整理中，通常选用低表面能的氟类或硅类整理剂对非织造材料表面进行处理，使其获得疏水性能。

 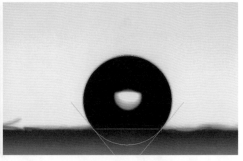

（a）接触角小于90°，亲水　　　　　　（b）接触角大于90°，疏水

图 5.37　非织造材料的亲疏水测试

使用量较大的 SMS 非织造面料的手术衣多采用不易导电的聚丙烯（PP）为原料，在生产、运输、服用过程中，由于摩擦，面料易产生静电，不利于手术过程的顺利进行。目前，主要的抗静电处理是为面料涂覆抗静电剂。各种抗静电剂分子可赋予高分子材料表面一定的导电性，以降低摩擦因数，抑制和减少静电产生，从而使面料具有抗静电性。

5.4.5 手术衣成衣后的处理

手术衣成衣之后，还需用环氧乙烷进行灭菌处理。灭菌原理在一次性医用防护服部分已做了详细介绍，这里不再赘述。

手术衣成衣后，与一次性医用防护服和隔离服一样，也需要经过产品检测。根据标准 YY/T 0506.2—2016《病人、医护人员和器械用手术单、手术衣和洁净服第 2 部分：性能要求和试验方法》，手术衣的检测性能包括拒水性、合成血液渗透性以及微生物渗透性。具体指标可参见本书 5.5 节中对不同标准要求的各项性能指标的对比。

5.4.6 非织造手术衣的防护原理

非织造手术衣必须具有良好的拒水、拒血液、拒酒精性和抗静电性。由于手术衣具有良好的疏水性，液体不可穿透面料，也不可在面料上扩散。当外界液体如带有病菌的血液、体液以及分泌物等飞溅时，由于手术衣的原料是疏水的，同时外层的纺黏布经过一定的拒液整理，可起到有效的液体阻隔作用，从而阻止飞液中的细菌和病毒侵入人体。另外，由于手术衣经过抗静电处理，空气中带电荷的颗粒不容易吸附在手术衣表面，从而保持手术衣的洁净。另外，由于基布使用的 SMS 材料具有良好的耐静水压性能，可以有效地阻止飞溅的液体的穿透，起到更好的防护效果。其拒液效果如图 5.38 所示。

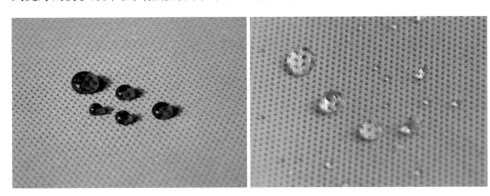

图 5.38　非织造手术衣材料（SMS）的拒液效果

5.5 国内外医用防护服装的相关标准

自 20 世纪人类发现并认识 HIV、HBV 等血液传染病病毒以来，医护人员在救治患者过程中可能受到感染的风险越来越受到人们的重视，各国开始大量地研发和生产医用防护服，用以加强对医护人员的保护，使得防护服行业蓬勃发展。目前，发达国家防护服市场在全球占据着大量的份额，防护服体系较为完善，针对不同种类的医用防护服建立了不同的评价标准。下面将对国内外关于医用防护服的标准进行归纳总结，对比各相关标准的不同要求。

5.5.1 一次性医用防护服

我国在一次性医用防护服的研发和生产领域起步较晚，但近些年消耗量巨大。随着我国非织造材料行业的兴起，一次性医用防护服产业体系也在不断的建立和完善。从 2003 年的非典疫情之后，我国制定了针对于一次性医用防护服的国家标准，GB 19082—2003《一次性医用防护服主要指标》。另有医药行业标准，YY/T 1498—2016《医用防护服的选用评估指南》，该标准旨在为医护人员提供医用防护服的选择指南，不宜作为医用防护服产品的评价标准。我国台湾地区标准有 CNS 14798—2004《抛弃式医用防护衣—性能要求》。其他国家和地区也有部分标准，包括欧盟的 EN 14126–2003 *Protective clothing - performance requirements and tests methods for protective clothing against infective agents, ISO*（国际标准化组织）制定的 *ISO 16603-2004 Clothing for protection against contact with blood and body fluids-Determination of the resistance of protective clothing materials to penetration by blood and body fluids-Test method using synthetic blood* 和 *ISO 16604-2004 Clothing for protection against contact with blood and body fluids-Determination of the resistance of protective clothing materials to penetration by blood-borne pathogens-Test method using Phi-X174 bacteriophage*，ISO 的早期标准也被 EN 14126—2003 引用。表 5.3 列出了 GB 19082—2003、EN 14126: 2003 和 CNS 14798—2004 中对医用防护服的基本性能指标要对比。

表 5.3　国内外标准中医用防护服的性能指标对比

项目	GB 19082—2003	EN 14126: 2003	CNS 14798—2004
适用对象	一次性医用防护服	医用防护服	一次性医用防护服
分级	一级	分六级	分三级 (P1、P2、P3)

（续表）

项目	GB 19082—2003	EN 14126: 2003	CNS 14798—2004
阻隔性能			
拒水性能	关键部位 HP>17 cm H₂O	6 级 HP>20 kPa 5 级 HP>14 kPa 4 级 HP>7 kPa 3 级 HP> kPa 2 级 HP>1.75 kPa 1 级 HP>0 kPa	P1：IP ≤ 4.5 g HP ≥ 20 cm H₂O P2：IP ≤ 1.0 g HP ≥ 50 cm H₂O P3：IP ≤ 0.5 g HP ≥ 140 cm H₂O
合成血液渗透	>1.75 kPa	—	P3：在 13.8 kPa 下保持 1 min 不可渗漏
微生物穿透	—	—	P3：Phi-X174 抗菌体不得透过试样
颗粒物穿透	关键部位和接缝处对非油性颗粒物的过滤效率 ≥ 70%	固体颗粒物渗透量： 3 级 <1 log 菌落个数 2 级：1<log 菌落个数 <2 1 级：2<log 菌落个数 <3	P2：过滤效率 ≥ 70%
力学性能			
拉伸断裂强力	关键部位 >45 N	6 级 >1000 N 5 级 >500 N 4 级 >250 N 3 级 >100 N 2 级 >60 N 1 级 >30 N	P2 和 P3： 纵向 ≥ 50 N 横向 ≥ 40 N
顶破强力	—	6 级 >250 N 5 级 >150 N 4 级 >100 N 3 级 >50 N 2 级 >10 N 1 级 >5 N	P2 和 P3： ≥ 200 kPa

（续表）

项目	GB 19082—2003	EN 14126: 2003	CNS 14798—2004
其他物理性能	—	耐磨性： 6 级 >2000 次 5 级 >1000 次 4 级 >400 次 3 级 >100 次 2 级 >40 次 1 级 >10 次	P2 和 P3 撕裂强力： 纵向和横向 ≥ 20 N P2 和 P3 缝合强力： ≥ 40 N
其他性能			
微生物指标	细菌菌落总数 ≤ 200 菌落个数 /g	—	—
舒适性	皮肤刺激性记分 ≤ 1	—	P2 和 P3： ≥ 1500 g/（m²·24 h）
抗静电性	带电量 <0.6 μC/ 件	—	—
阻燃性	损毁长度 ≤ 200 mm 续燃时间 ≤ 15 s 阴燃时间 ≤ 10 s	3 级：5 s 内停止燃烧 2 级：1 s 内停止燃烧 1 级：不燃烧	—

5.5.2 隔离服

一次性医用防护服和隔离服的相似度较高，两者在适用范围上的重合度也很高。由于隔离服不用于甲类传染病中的防护使用，因此在阻隔性能整体性要求上较低。目前，国内尚未制定针对隔离服的国家标准，仅有湖北省地方标准，DB42/245—2003《一次性防护隔离服通用技术条件》。2020 年 3 月，国家市场监督管理局批准了一项关于隔离衣的国家标准，GB/T 38462—2020《纺织品 隔离衣用非织造布》，即将在 2020 年 10 月 1 日实施，具体细节尚未公布。国外标准主要为美国标准 ASTM F3352：2019 *Standard Specification for Isolation Gowns Intended for Use in Healthcare Facilities*，标准中主要对其拒水性能进行了规定，许多指标均无明确值。表 5.4 列出了 DB 42-245—2003 和 ASTM F 3352—2019 两个标准中对隔离服的基本性能指标比较。

表 5.4 隔离服的国内外主要标准中的基本性能指标比较表

项目	DB42/245—2003	ASTM F3352—2019
适用对象	一次性隔离服	隔离服
等级	不分等级	分四级，衣服分成前面、袖口（关键区）和颈部、后下半部(非关键区)
阻隔性能		
拒水性能	HP ≥ 17.7 cm H₂O	IP：冲击穿透水量 HP：静水压 一级：IP ≤ 4.5 g 二级：IP ≤ 1.0 g HP ≥ 1.96 kPa 三级：IP ≤ 1.0 g HP ≥ 4.90 kPa 四级：无规定
合成血液渗透	—	—
微生物穿透	—	—
颗粒物穿透	—	—
力学性能		
拉伸断裂强力	纵向≥ 90 N 横向≥ 45 N	各级均≥ 30 N
顶破强力	—	—
其他物理性能	—	剪切强力均≥ 10 N 接缝强力均≥ 30 N
其他性能		
舒适性	无皮肤刺激性	—
抗静电性	—	—
阻燃性	—	—

5.5.3　手术衣

美国是世界上最先施行手术衣及罩单标准的国家。美国职业安全及健康管理委员会（OSHA）在 1991 年发布规定，旨在降低医护人员接触感染血液传播疾病的风险。规定要求医护人员必须使用适当的个人防护设备（Personal Protective Equipment，PPE），避免接触传染源。 规定指出手术衣需根据手术操作过程中所产生的血液、体液的体积或总量，以及手术持续时间制定不同的防护等级标准，主要包含以下 3 个方面：①暴露于血液中的区域，包括面部、四肢等，以及暴露的方式，包括压力及流动液体、水滴等；②血液及体液的暴露量；③手术操作的持续时间，从短时间的静脉注射至长时间的心胸外科手术。根据 OSHA 制定的防护规定要求，美国医疗器材促进会（AAMI）将手术衣的防护性能分为 4 级：

第 1 级（Level 1）用于液体暴露、喷射及溅射风险最低、手术衣受到压力最小，如眼部手术操作、乳房肿瘤切除及皮肤活体检查等手术或操作。

第 2 级（Level 2）用于少量液体暴露、低喷射及溅射风险、对手术衣产生的压力较低，如疝气修复、扁桃体手术及血管造影术等类似手术或操作。该级别的手术衣必须经过抗渗透防水试验及静水压试验。

第 3 级（Level 3）用于中等液体暴露、中喷射及溅射风险、对手术衣产生的压力较高，如肩关节镜、前列腺电切术及乳房切除术等类似手术及操作。该级别的手术衣对渗水量及静水压试验有更高的指标要求。

第 4 级（Level 4）用于大量液体暴露、高喷射及溅射风险、对手术衣产生的压力很高，如髋关节置换、剖宫产、心血管手术及所有外科医生的手须进入患者体内的手术及操作。该级别的手术衣必须通过血液与病毒渗漏两项测试。

我国有医药行业标准，包括 YY/T 0506.1—2005《病人、医护人员和器械用手术单、手术衣和洁净服 第 1 部分：制造厂、处理厂和产品的通用要求》，YY/T 0506.2—2016《病人、医护人员和器械用手术单、手术衣和洁净服 第 2 部分：性能要求和试验方法》，YY/T《0506.3—2005 病人、医护人员和器械用手术单、手术衣和洁净服 第 3 部分：试验方法》。国外标准主要包括欧标 BS EN 13795-3：2006 *Surgical drapes, gowns and clean air suits, used as medical devices for patients, clinical staff and equipment-Part 3：Performance requirements and performance levels*, ISO 标 准 *ISO 16542-2006 Clothing for protection against contact with blood and body fluids-Part 1: Performance requirements for surgical gowns, surgical drapes, and protective apparel in healthcare facilities*。表 5.5 列出了以上提及的标准对手术衣的基本性能指标的对比。

表 5.5　手术衣的国内外主要标准中的基本性能指标比较表

项目	YY/T 0506—2005	BS EN 13795—3:2006	ISO 16542:2006
适用对象	医疗用手术衣、手术单和洁净服	外科用手术衣、罩袍和洁净服	外科用手术衣、罩袍和洁净服
阻隔性能			
拒水性能	S：标准型 H：高级型 C：主要区域 N：次要区域 SC HP ≥ 20cm H_2O SN HP ≥ 10cm H_2O HC HP ≥ 100 cm H_2O HN IP ≥ 10 cm H_2O	S：标准型 H：高级型 C：主要区域 N：次要区域 SC HP ≥ 30 cm H_2O SN HP ≥ 10 cm H_2O HC HP ≥ 100 cm H_2O HN IP ≥ 10 cm H_2O	S：标准型 H：高级型 C：主要区域 N：次要区域 SC HP ≥ 30 cm H_2O SN HP ≥ 10 cm H_2O HC HP ≥ 100 cm H_2O HN IP ≥ 10 cm H_2O
合成血液渗透	—	—	—
微生物穿透	干态： SN ≤ 300 菌落个数 HN ≤ 300 菌落个数 湿态： SC ≥ 127 kPa	干态： SC ≤ 2.0 log 菌落个数 湿态： SC ≤ 500 菌落个数 / 板 HC=0	干态： SC ≤ 2.0 log 菌落个数 湿态： SC ≤ 500 菌落个数 / 板 HC=0

5.6 医用防护服的穿脱方法

医用防护服用于对医护人员及患者提供隔离和保护作用。由于使用环境中存在大量的病毒和细菌，医用防护服必须遵循正确的穿脱流程，否则将起不到很好的防护作用，甚至成为疾病的传播源。因此，出于安全考虑，穿着者使用之前必须经过专业的培训，并操作考核合格后方可穿着上岗，必要时需要专业人员协助穿脱。下面简单介绍各类医用防护服的穿脱流程及穿脱注意事项。

5.6.1 一次性医用防护服的穿脱方法

5.6.1.1 穿脱方法——穿戴防护服流程

第一步：在选好恰当尺码的一次性医用防护服后，穿戴人员应取出口袋里所有可能妨碍工作的物品，并存放在安全的环境中。

第二步：将一次性医用防护服拉链拉至合适位置，抓住防护服腰部拉链的开口处，坐在椅子上，先脱下鞋子，然后小心地把双脚依次伸入连体服的裤腿中，再穿上安全鞋或安全靴，并系牢鞋带。

第三步：戴上工作用内层乳胶手套，然后一边站起来，一边将连体服拉到腰部，再把双臂伸入袖子中。

第四步：戴一次性手术帽。整理头发，尽量将所有头发罩在帽内。

第五步：佩戴 N95 口罩。面向口罩无鼻夹的一面，两手各拉住一边耳带，使鼻夹位于口罩上方；用口罩抵住下巴，将耳带拉至耳后；将双手指置于鼻夹中部，一边向内按压一边顺着鼻夹向两侧移动指尖，直至完全按压成鼻梁形状为止。最后应当检查贴合程度。

第六步：套上连体帽，最后将拉链拉至顶端并黏好领口贴。

第七步：戴防护眼镜。检查头带弹性，戴上后调整至感觉舒适，头带压在连体帽之外，并使眼镜下缘与口罩尽量结合紧密。

第八步：在第一副乳胶手套外面再戴上第二副手套，使手套边缘盖住连体服的腕部和袖口。

5.6.1.2 穿脱方法——解除防护服流程

第一步：摘防护眼镜。捏住防护眼镜一侧的外边缘，轻轻摘下，放入消毒桶。摘下时注意手不要接触到脸部。

第二步：穿戴者应在戴着防护手套的情况下，向后卷起头套，小心别让防护服外侧触碰到头部。

第三步：拉开连体服拉链，由里朝外卷起连体服，卷至肩部以下。再将双手放到背后，从两条手臂上完全拉下。

第四步：坐在椅子上，脱安全鞋或安全靴，向下卷动防护服（确保受污染侧不会触碰或接触到衣物）至膝盖以下，直到完全脱下防护服。

第五步：将防护服丢弃到所附袋子，再脱下内层乳胶手套

第六步：摘口罩。从后向前，先取下双耳下面的系带，再取下头顶上面的系带（手不能接触口罩前面）。用手捏住口罩的系带将口罩放入黄色污物桶中。

第七步：清洗、消毒双手。

5.6.1.3 穿脱注意事项

在穿戴一次性医用防护服之前，首先要选择正确的尺码，这是提高安全性和舒适性的先决条件。选择的尺码过大，穿着时防护服可能会卷入其他设备；选择的尺码过小，则可能撕裂或极大地限制活动自由度。穿着完防护服之后，应当检查服装的密闭性，包括护目镜、口罩与脸部之间的贴合性，袖口、裤口的包裹性等。由于长时间暴露在隔离病区会导致防护服携带病毒和细菌，因此在脱防护服时需要特别注意。在脱防护服之前，需要进入一个专门的房间，全部脱完后，需要用流动水洗手三遍以上，随后洗脸，清洗鼻腔、耳朵和耳后，最后在更衣室洗浴完毕方可出来。在丢弃防护服时，务必握住未受污染的内侧，以免接触到有害物质。脱防护服的过程会污染工作场所，因此也必须清洁此区域。在受污染的状况下离开危险区域，不仅会对防护服穿戴者造成风险，也会对其他未参与人员带来感染的风险。

5.6.2 隔离服的穿脱方法

5.6.2.1 穿脱方法——穿戴隔离服流程

第一步：备齐操作用物。

第二步：戴帽子、口罩。整理头发，将头发全部包裹进帽子里。口罩需按N95或一次性医用口罩的正确佩戴方式佩戴，佩戴完毕之后需检查其与脸部的贴合和密闭性。取下手表等首饰，将袖子卷起至肘部。

第三步：手持衣领取下隔离服，清洁面朝向自己，将衣领两端向外折齐，对齐肩缝，露出袖内口。

第四步：右手持衣领，左手伸入袖内，右手将衣领向上拉，使左手露出；换左手持衣领，右手伸入袖内，举手将袖抖上。

第五步：如有领扣，两手持衣领，由领子中央顺着边缘至领后扣领扣。

第六步：如有肩扣、袖扣，需扣好肩扣、袖扣。

第七步：解开腰带活结，将隔离衣一边（约腰下 5 cm 处）渐向前拉，捏住衣外面边缘，同法捏住另一侧；双手在背后将衣边缘对齐，向一侧折叠将腰带在背后交叉，回到前面系一个活结。

5.6.2.2 穿脱方法——解除隔离服流程

第一步：解松隔离服后侧边缘下部的扣子，解开腰带。

第二步：洗手。按前臂、腕部、手掌、手背、指甲、指缝等顺序用消毒液刷洗，刷完手后用流动的水冲洗，每次洗手不少于 5 min。

第三步：如有肩扣、袖扣，需解开袖口及肩部扣子，在肘部将部分衣袖塞入工作服袖下，然后消毒双手。

第四步：解开领扣，一手伸入一侧衣袖内，拉下衣袖过手，再用衣袖遮住的手握住另一衣袖的外面将袖拉下，两手轮换拉下袖子，渐从袖管中退至衣肩。

第五步：脱下的隔离衣需更换时，应清洁面向外卷好，投入污物袋中。

5.6.2.3 穿脱注意事项

隔离服要选择合身的尺码，长短要合适，既不影响工作的灵活性，又须全部遮盖工作服，方能起到良好的隔离作用。使用前应检查隔离服的完整性，有沾污、破洞或配件缺失等情况下不可使用。穿着者应保持衣领清洁，穿脱时要避免污染衣领及清洁面。隔离服每日更换，但不需要每穿脱一次换一次，如有潮湿或污染，应立即更换。使用完毕后，应将隔离服放进指定废弃桶进行统一处理。

5.6.3 手术衣的穿脱方法

5.6.3.1 穿脱方法——穿戴手术衣流程

第一步：清洗和消毒双手后，自器械台上拿取折叠好的无菌手术衣，选择较宽敞的空间，手提衣领，抖开，使衣的另一端下垂。注意：勿使手术衣触碰到其他物品或地面。

第二步：两手提住衣领两角，衣袖向前位将衣展开，使衣的内侧面面对穿着者身体。

第三步：将衣向上轻轻抛起，双手顺势插入袖中，两臂前伸，不可高举过肩，也不可向左右撒开，以免碰触污染。

第四步：巡回护士在穿衣者背后抓住衣领内面，协助拉出袖口，并系住手术衣领带子及背部系带。协助穿手术衣时不能触及穿衣者手臂。

第五步：打开手套包，穿戴无菌手套，分清左右手。穿戴手套后，需将手套的翻折部翻回，盖住手术衣的袖口。

第六步：解开腰间衣带的活结，右手捏住腰带，递给巡回护士，巡回护士使用无菌持物钳夹住腰带的尾端，穿着者原地自转一周，接住传递过来的腰带并于腰间系好。

5.6.3.2 穿脱方法——解除手术衣流程

方法1：他人帮助脱衣法。穿着者双手向前微屈肘，巡回护士面对穿着者，解开腰带，握住衣领将手术衣向肘部方向顺势翻转、扯脱，此时手套的腕部正好翻于手上，之后将手术衣放至统一处理处。

方法2：自我脱衣法。解开腰带，穿着者左手抓住右肩手术衣外面，自上往下拉，使衣袖由里往外翻。同样方法拉下左肩，然后扯脱下手术衣使其外翻，保护手臂及洗手衣裤不被手术衣外面所污染，并将手术衣扔进统一指定处。

5.6.3.3 穿脱注意事项

穿戴手术衣之前必须进行洗手消毒。取出手术衣后要检查手术衣的完整性和整洁性。已戴手套的手不可触及手套内面，未戴手套的手不可接触手套外面。穿好无菌手术衣、戴好无菌手套之后，手臂应保持在胸前，高不过肩，低不过腰，双手不可交叉放于腋下。接触手术衣时必须注意防止手术衣外部沾污手臂及衣裤，以防感染。

医用防护服装的穿戴方法及步骤扫描二维码观看视频④：医用防护服装穿戴步骤演示操作。

参考文献

［1］郭秉臣，刘建政．医用防护服 SFS 复合材料的研制［J］．纺织导报．2006，9：
　　26–28.

［2］潘洪．聚丙稀 SMS 非织造布手术衣材料的三抗整理工艺研究［D］．上海：东
　　华大学，2011.

［3］GB 19082—2003 医用一次性防护服技术要求［S］．北京：中国标准出版社，
　　2003.

［4］张超，秦挺鑫，申世飞，等．国内外防护服标准比对研究［J］．纺织导报．
　　2019，（1）：96–99.

［5］李正海．医用一次性防护服标准对比及评价方法的研究［D］．上海：东华大学，
　　2018.

［6］郝新敏，张建春，杨元．医用多功能防护服研究与发展［J］．中国安全科学学
　　报，2005，15（6）：80–84.

［7］刘晓康，杨娜，鲁飞，等．不同材质手术衣防护性能研究进展［J］．预防医学
　　论坛，2018,24（2）：151–153+156.

［8］邓敏，张莘逸，姚敏．国内外医用手术衣的使用现状、发展趋势及技术标准
　　［J］．中国感染控制杂志，2015，14（7）：499–504.

［9］曲方圆．SMS 非织造手术衣材料泡沫整理工艺研究［D］．上海：东华大学，
　　2016.

［10］李正海，薛文良，魏孟媛，等．医用一次性防护服测试标准的现状与比较分析
　　［J］．产业用纺织品，2017，35（10）：37–42.

［11］潘洪，殷保璞．聚丙烯 SMS 非织造手术衣材料热处理温度研究［J］．印染助剂，
　　2012，29（5）：43–45.

［12］王洁．"三拒一抗/单向导湿"非织造手术衣材料的后整理工艺研究［D］．上
　　海：东华大学，2014

［13］DB 42/245—2003．一次性防护隔离服通用技术条件［S］．

［14］ASTM F3352–19. Standard Specification for Isolation Gowns Intended for Use in
　　Healthcare Facilities［S］.

［15］徐华玲．"隔离技术 – 穿脱隔离衣操作"教学设计［J］．卫生职业教育，2017，
　　35（6）：56–57.

［16］GB/T 20097-2006．防护服 一般要求［S］．北京：中国标准出版社，2006.

［17］李晔，蔡冉，陆烨．应对新型冠状病毒肺炎防护服的选择和使用［J］．中国感
　　染控制杂志，2020，19（2）：117–122.

[18] 姜慧霞.医用防护服材料的性能评价研究[D].天津：天津工业大学,2008.

[19] CDC. Considerations for selecting protective clothing used in healthcare for protection against microorganisms in blood and body fluids[EB/OL].（2018-01-30）[2020-02-13].https://www.cdc.gov/niosh/npptl/topics/protectiveclothing/.

[20] 杨元，郝新敏，张建春.国内外医用防护服标准比较及分析[J].中国个体防护装备，2003（5）：28-32.

[21] 丁伟.薄型服用非织造材料的性能研究与评价[D].青岛：青岛大学,2010.

[22] 冷纯廷，张旭.闪蒸法非织造布生产技术[J].北京纺织，1997（5）：20-21.

[23] Anonymous. Comparative study on the protective clothing standards at home and abroad[J]. China Textile Leader, 2019（1）：96-99.

[24] WILSON A. Protective clothing – A high growth market for nonwovens[J]. Technical Textiles International, 2009（18）：11-15.

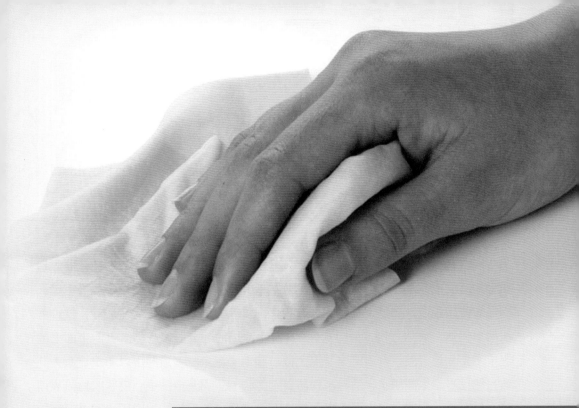

第六章 非织造个人防护用品
——即用型湿巾

　　当前全国仍处于新型冠状病毒肺炎防控工作的紧张阶段，个人在日常生活中更应注重清洁消毒，做好个人防护工作可有效地降低感染风险。清洁是指用水和洗涤剂擦去表面污垢，这个过程并不一定会杀死细菌和病毒，只能清除部分病菌。高温、紫外线、阳光对很多传染性疾病的病原体，如有致病性的细菌、病毒等微生物有一定抑制作用，但是这些方式作用条件较为苛刻，对设备环境要求较高。化学消毒适应性广，可用来预防微生物的传播和感染。在使用化学消毒法进行消毒时，如使用剂量不当或将已使用过的擦拭布反复浸入于消毒液中，有交叉感染的风险。在我们日常生活中面临消毒问题时，较为安全且便捷的方法是使用即用型湿巾进行擦拭消毒，这种方法简单便捷，适用范围广且科学有效，能够有效地杀灭微生物和病菌。即用型湿巾一般由非织造材料载体与功能性液体组成。本章为读者介绍即用型湿巾的定义、原料、加工、制备、相关标准、消毒原理与使用方法。

6.1 即用型湿巾的定义与分类

即用型湿巾是指含有功能液，具有擦拭功能，可随时随地方便使用的湿润型纸巾，包括消毒湿巾、酒精棉片等。

6.1.1 消毒湿巾

湿巾是一种常见的民用和医用擦拭非织造布，通过将消毒原液喷洒至非织造布上加工而成。该非织造布的加工工艺包括针刺、水刺、热轧，以水刺为主。人们经常使用湿巾来擦拭手部、面部等身体部位及室内家具、厨房污渍等，这种方法简单快速，清洁方便，如图 6.1 为日常生活用的部分湿巾产品。目前市面上的湿巾主要分为三类，普通湿巾、卫生湿巾和消毒湿巾。普通湿巾以非织造布为载体，纯化水为生产用水，适量添加防腐剂等辅料，用其擦拭手、皮肤或物体表面等，具有清洁作用；卫生湿巾以非织造布为载体，适量添加生产用水和杀菌液等原材料，对处理对象有清洁杀菌的作用；消毒湿巾是以非织造布为载体，纯化水为生产用水，适量添加消毒液等原材料，用于擦拭人体、一般物体表面、医疗器械表面及其他物体表面等，具有清洁消毒的作用。

图 6.1　日常生活用的部分湿巾产品
（图片源自网络）

6.1.2 酒精棉片

众所周知，医用酒精是医疗中必不可少的消毒用品，传统的使用酒精进行消毒的方法是用棉签或者棉球从酒精瓶中蘸取酒精进行擦拭消毒，由于酒精容易挥发，所以在蘸取酒精的过程中会有一部分酒精从瓶口挥发掉，而且用棉签或者棉球蘸取酒精往往会过量，从而造成不必要的浪费。为了减少酒精的不必要的浪费，开始有了酒精棉片。如图 6.2 为酒精棉片产品图。

酒精棉片，通俗的理解就是一片片含有 75% 酒精的布片，它具有杀菌消毒的作用，擦拭后酒精挥发，无残留。酒精棉片一小片的尺寸约为 60 mm × 60 mm，每一小片经过折叠由铝箔纸独立进行封装，尺寸轻巧，非常适合外出携带，可用于生活办公用具消毒、手机消毒、公共区域消毒、皮肤伤口消毒、儿童玩具消毒等。疫情阶段，在无法保证双手消毒无菌的情况下，如有鼻子、耳朵感觉瘙痒时，可用酒精棉片包住手指进行擦拭。酒精棉片通常选用优质水刺非织造布作为载体，让其含有 75% ± 5% 浓度的酒精，用其可达到消毒除菌的效果，可有效杀灭白色念珠菌、大肠杆菌、SARS-Cov-2、破伤风梭菌、铜绿单胞菌、白假丝酵母菌等，杀菌率达到 99%。酒精消毒并不是浓度越高消毒效果越好，因为过高浓度的酒精会在细菌表面形成一层保护膜，阻止酒精分子进入细菌体内，难以将细菌彻底杀死。若酒精浓度过低，酒精分子虽可进入细菌，但不能将细菌体内的蛋白质凝固，也就不能将细菌彻底杀死。其中 75% 酒精的消毒效果最好。酒精棉片手感厚实绵密，擦拭效果好，快速消毒挥发无残留，且不容易起球、掉絮。在接触皮肤时，柔软细腻，润而不湿，擦完不会有水珠残留。

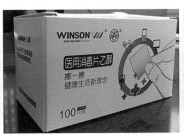

图 6.2　酒精棉片产品图
（图片源自网络）

6.2　即用型湿巾的生产原料

6.2.1　水刺非织造材料原料

湿巾和酒精棉片多以水刺非织造材料作为基布，其原料多样，多为亲水性纤维或经过亲水整理的纤维。水刺非织造材料要具有一定的强度，与皮肤接触时要柔软舒适；布的表面要均匀，不能出现明显的稀薄现象。另外水刺非织造布还要有一定的白度，且能吸收大量液体。一般，卫生湿巾中的液体90%以上为经过特别处理的水，其余则为一些添加剂，如保湿剂、防腐剂、表面活性剂等，消毒湿巾液体配方中会添加特殊的消毒剂。用于湿巾或酒精棉片的水刺非织造材料要求结构均匀、各部分吸液量稳定，不会出现太干或太湿的问题。此外，也要求用于湿巾或酒精棉片的水刺非织造材料具有较好的保水性，以防止水分散失，降低作用效果；无落絮，避免二次污染。同时，从环保角度考虑，可以选用100%黏胶纤维或100%棉纤维，以达到良好的降解性。

适用于水刺湿巾的纤维原料种类很多，实际生产中可根据产品不同性能要求进行选择，但考虑到生产工艺、产品用途、生产成本等因素，不是每种纤维原料都适合水刺工艺。以下对消毒湿巾和酒精棉片用水刺非织造布的几种常用原料进行介绍。

6.2.1.1 黏胶纤维

黏胶纤维，简称黏纤，它是再生纤维素纤维的最初和主要品种，是由不可纺但富含纤维素或其衍生物的植物，如棉短纤、芦苇、木材、甘蔗渣、麻、竹、海藻、稻草等的浆粕或浆液，提纯制得黏胶液后纺丝而成。黏胶纤维的基本组成是纤维素（$C_6H_{10}O_5$）$_n$。黏胶纤维的横截面呈锯齿形，纵向平直有沟痕，如图6.3

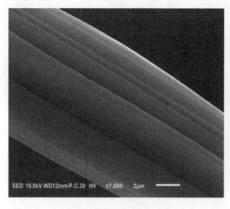 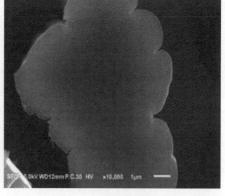

（a）黏胶纤维纵向电镜图　　　　　　　（b）黏胶纤维截面电镜图

图 6.3　黏胶纤维

（图片源自：潘肖.黏胶纤维成品质量提升的研究分析［D］.华北理工大学，2019.）

所示。黏胶纤维具有良好的吸湿性，在标准大气条件下，回潮率在 13% 左右。

　　黏胶纤维是水刺工艺中使用量最大的原料之一，与聚酯纤维混合、梳理、水刺加固后被用于水刺的各种产品中。水刺工艺广泛采用黏胶纤维是因其具有良好的吸水性、柔软性及不起球、易清洁和可自然降解的特点，而且湿态下可塑性强，水刺缠结效果好。生产中一般加入一定的聚酯纤维，以克服黏胶纤维湿态强力较低的缺点。

6.2.1.2　聚酯纤维

　　聚酯纤维，俗称涤纶，是由有机二元酸和二元醇缩聚而成的聚酯经纺丝所得的合成纤维。聚酯纤维通常是指聚对苯二甲酸乙二酯纤维，简称 PET 纤维，属于高分子化合物。聚酯纤维断裂强度和弹性模量高，热定型效果优异，耐热和耐光性好，是当前合成纤维第一大品种。常规的聚酯纤维表面光滑（图 6.4），横截面接近于圆形。如采用异形喷丝板，可制成多种特殊截面形状的纤维，如三角形、Y 形、中空等异形截面丝。

　　聚酯纤维是水刺非织造材料主要生产原料。但在水刺非织造材料产品中，聚酯纤维吸湿性较差，因此，多与其他纤维混合加工成水刺非织造材料。采用聚酯纤维混合配置纤维原材料的目的主要在于提高产品的强力和结构的稳定性或增强产品的丰满度。除了特殊产品外，在实际生产过程中较少生产纯聚酯水刺产品，主要原因一是受产品使用性能的限制，二是聚酯纤维易产生静电，梳理成网效果相对较差，水刺不易缠结，低面密度产品布面效果较差。

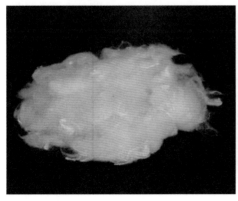

（a）聚酯纤维实物图　　　　　　（b）聚酯纤维纵向电镜图

图 6.4　聚酯纤维

6.2.1.3 棉纤维

棉纤维属于天然纤维素纤维，由受精胚珠（即将来的棉籽）表皮壁上的细胞伸长加厚而成的种子纤维，化学结构式为（$C_6H_{10}O_5$）$_n$。正常成熟棉的纤维素含量约为94%。此外含有少量多缩戊糖、蜡质、蛋白质、脂肪、水溶性物质、灰分等伴生物。棉纤维的强度高，吸湿性好，抗皱性差，拉伸性也较差；耐热性较好，仅次于麻；耐酸性差，在常温下耐稀碱；对染料具有良好的亲和力，染色容易，色谱齐全，色泽也比较鲜艳。如图6.5所示，棉纤维横截面为腰圆形，有中腔，纵向有天然卷曲。

棉纤维含杂多，梳理负担较大，而且梳理过程中形成的棉短绒在水射流作用下很容易被冲走，从而大大加重水处理负担。但纯棉产品具有很多优点，比如吸水性强、手感好等。随着工艺的改进，棉纤维应该会在水刺领域中得到普遍应用。目前，棉纤维与其它纤维混纺产品如棉与黏胶、棉与超吸水纤维等已开始在医疗卫生和擦拭布领域得到应用。

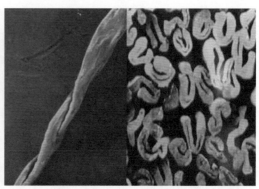

|（a）棉纤维实物图|（b）棉纤维纵、横向电镜图|

图 6.5　棉纤维

6.2.1.4 竹浆纤维

竹浆纤维是一种将竹片做成浆，然后将浆做成浆粕再经湿法化学纺丝制成的纤维，其制作加工过程基本与黏胶相似，是一种再生纤维素纤维。竹浆纤维横截面布满孔洞，具有优良的吸湿性能；纤维纵截面有多条沟槽，有利于纤维导湿，也有利于纤维之间抱合形成纱线，具有较好的可纺性。竹浆纤维除了具有普通黏胶纤维的一些优点外，还具有一定的天然抗菌性能，目前在卫生材料中，如湿巾、面膜等方面也开始试探性应用。

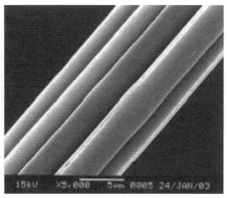

（a）竹浆纤维实物图　　　　　（b）竹浆纤维纵向电镜图

图 6.6　竹浆纤维

（图片源自：陈国祥.竹黏胶纤维家纺制品生产工艺研究［D］.武汉纺织大学，2015.）

6.2.1.5　聚乳酸纤维

聚乳酸纤维是以玉米、小麦、甜菜等含淀粉的农产品为原料，经发酵生成乳酸后，再经缩聚和熔融纺丝制成。聚乳酸纤维是一种原料可种植、易种植，废弃物在自然界中可自然降解的合成纤维。它在土壤或海水中经微生物作用可分解为二氧化碳和水，燃烧时不会散发毒气，不会造成环境污染，是一种可持续发展的生态纤维，具有良好的生物相容性和生物可吸收性。如图6.7所示，聚乳酸纤维

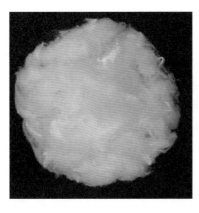
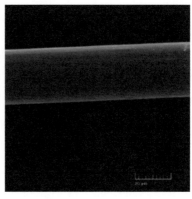

（a）聚乳酸纤维实物图　　　　　（b）聚乳酸纤维纵向电镜图

图 6.7　聚乳酸纤维

（图片源自：互联网、Tavanaie, Mohammad Ali. Melt Recycling of Poly （lactic Acid） Plastic Wastes to Produce Biodegradable Fibers［J］. Polymer–Plastics Technology and Engineering, 2014, 53（7）:742–751.）

的横截面近似圆形，纵向纤维光滑且有明显斑点。

6.2.2 消毒液（剂）

消毒湿巾中所使用的非织造材料不能与消毒剂发生反应或对消毒剂成分有选择吸收性，需能将有效消毒成分完全释出。使用消毒液与毛巾的组合时，毛巾的材料不一定适用于不同消毒液成分，可能有消毒液成分无法完全被毛巾携带，或消毒液成分吸附在毛巾内无法释出或少量释出的，造成消毒效果不足。因此，需选择合适的水刺非织造材料载体，以避免上述现象。理想的消毒液应具备杀菌谱广、杀菌能力强、作用速度快、稳定性好、毒性低、腐蚀性小、刺激性小、易溶于水、对人和动物安全及价廉易得、对环境污染程度低等特点。在选择消毒湿巾的浸泡液时应注意以下几点：

6.2.2.1 有效性

使用消毒湿巾时，要保证消毒液的浓度正确，以确保配方中的有效成分能够杀灭或抑制污染的微生物等。

消毒剂分为高效消毒剂、中效消毒剂和低效消毒剂。高效消毒剂是指可杀灭一切细菌繁殖体（包括分枝杆菌）、病毒、真菌及其孢子等，对细菌芽孢（致病性芽孢菌）也有一定杀灭作用，是达到高水平消毒要求的制剂。中效消毒剂指可杀灭分枝杆菌、真菌、病毒及细菌繁殖体等微生物，达到消毒要求的制剂。低效消毒剂是指可杀灭细菌繁殖体和亲脂病毒，达到消毒要求的制剂。

6.2.2.2 安全性

GB 15979—2002《一次性使用卫生用品卫生标准》对湿巾的安全性提出了一定的要求。湿巾可提供微生物繁殖的理想环境，包括合适的酸碱环境、温度、水及营养等，所以非常容易滋生细菌。因此，湿巾中常常添加防腐剂以达到抑制微生物生长的目的。其中，甲基异噻唑啉酮、甲基氯异噻唑啉酮是湿巾中最常见的异噻唑啉酮类高效广谱杀菌防腐剂，其通过杀灭细菌或防止其繁殖起到防腐的作用，具有抗菌能力强、应用剂量小、溶解性好、低毒性、低残留、易降解、性价比高等优点，对于抑制微生物的生长有很好的效果，可以抑制细菌、真菌、霉菌的生长。

但有研究表明，异噻唑啉酮类化合物具有一定的细胞毒性，使用者可能会导致接触性过敏，如皮疹等，尤其对婴幼儿的皮肤黏膜具有刺激性，甲基氯异噻唑啉酮浓度过高还可能对皮肤造成化学灼伤。同时，有专家表示，湿巾中添加防腐剂会令幼童及成人出现过敏反应，长期与婴幼儿口腔等内黏膜部分接触，可能会造成接触性皮炎。

6.2.2.3 针对性

目前，常用消毒湿巾的消毒液中，大多数以季铵盐为主要消毒成分。但是，针对不同的消毒对象及场所，季铵盐的有效含量不同。

适用于环境物体表面消毒用消毒液。双癸基二甲基溴化铵，配以表面活性剂脂肪醇聚氧乙烯醚硫酸钠，保湿剂甘油，增溶剂聚乙二醇400，适量水。其中双癸基三甲基溴化铵含量为0.18%~0.20%。

适用于医院、公共场所、学校和居家各种物体表面消毒用消毒液。季铵盐含量为0.13%~0.15%。

适用于环境物体表面、医疗器械、公共场所、家居等物体表面和手、皮肤的擦拭消毒用消毒液。以复合双链季铵盐（0.75%±0.075%）+盐酸聚六亚甲基双胍PHMB（0.10%±0.01%）+适量水。

适用于医疗机构的工作台面、床头柜、门把手等物体表面的擦拭消毒以及家居物体表面清洗、消毒用消毒液。季铵盐含量为1.5~2.0g/L。

适用于医疗卫生机构、托幼机构、公共场所等环境物体表面清洁消毒以及医疗仪器设备设施表面的消毒用消毒液。双链季铵盐（0.22%~0.28%）。

根据目前临床研究，75%酒精可有效灭活新型冠状病毒。疫情期间企业主要研制生产75%酒精消毒湿巾，用于人手、皮肤及物体表面消毒。

除了采用湿巾和酒精棉片消毒外，日常生活中也可以使用消毒剂进行消毒。表6-1根据《新型冠状病毒感染的肺炎诊疗方案》（第三版）中有关灭活新型冠状病毒方法，列举了可以有效针对本次新型冠状病毒的消毒剂。表6-2列举了其他日常用消毒剂。

注：本书中酒精的浓度均为体积分数（Vol.%）；其他化学物品的浓度为质量分数（Wt.%）。

表 6.1 可有效针对新型冠状病毒的消毒剂
（源于国家食品药品监督管理局）

	有效成分	应用范围	使用说明	注意事项
醇类消毒剂	75% 乙醇（C_2H_6O）	主要用于手和皮肤，也可用于较小物体表面消毒	卫生消毒：均匀喷雾手部或擦涂身体部位 1~2 遍，作用 1 min；较小物体表面消毒：擦拭物体表面 2 遍，作用 3 min。日常生活中建议使用酒精棉片或者酒精湿巾，便捷高效	易燃，远离火源，不可将酒精用于大面积喷洒，环境物表面消毒。对酒精过敏者慎用
含氯消毒剂	次氯酸钠（NaClO）	适用于物体表面、织物等污染物品以及水、果蔬等，还可以用于室内空气消毒	日常生活中，84 消毒液、漂白粉、含氯消毒粉或含氯泡腾片等都属于含氯消毒剂。直接稀释后可用于消毒杀菌	使用时应戴手套，避免接触皮肤，同时佩戴护目镜，防止液体溅入眼中造成伤害，对金属有腐蚀作用，对织物有漂白、褪色作用，金属和有色织物慎用
醛类消毒剂	甲醛（HCHO）	适用于物体表面、对湿热敏感、不耐高温和高压的医疗器械的消毒灭菌	甲醛用量按消毒为 100 g/L、灭菌为 500 g/L 进行计算，将物品分开摊放或挂起，调节温度为 52~56 ℃，相对湿度为 70%~80%，加热产生甲醛气体，将消毒箱密闭，时间 3 h 以上	消毒时，应严格控制环境的温度和湿度，以免影响消毒效果；甲醛有致癌作用，消毒后，可用抽气通风或氨水中和法去除残留甲醛气体；甲醛不宜用于空气消毒，以防致癌
过氧化物类消毒剂	二氧化氯（ClO_2）	一般物体及环境表面的消毒，餐饮具消毒，医疗防疫。非典时期我国疾病控制中心指定消毒剂	物体表面消毒时，使用浓度 50~100 mg/L，作用 10~15 min；生活用水消毒时，使用浓度 1~2 mg/L，作用 15~30 min。室内空气消毒时，依据产品说明书	新型冠状病毒对消毒剂较敏感，而二氧化氯类消毒剂相对于次氯酸钠类消毒剂虽然杀毒能力稍弱，但较为环保，合理浓度下对人体伤害很小，建议使用二氧化氯类消毒剂
	过氧化氢（H_2O_2）	适用于物体表面、室内空气消毒，皮肤伤口消毒，耐腐蚀医疗器械消毒	物体表面消毒时，3% 过氧化氢，喷洒或浸泡消毒作用 30 min，然后用清水冲洗去除残留消毒剂；室内空气消毒时，3% 过氧化氢，用气溶胶喷雾方法，消毒作用 60 min 后通风换气	液体过氧化物类消毒剂有腐蚀性，对眼睛、黏膜和皮肤有刺激性，有灼伤危险，在消毒作业时，应佩戴个人防护用品；易燃易爆，遇明火、高热会引起燃烧爆炸
	过氧乙酸（CH_3COOOH）	一般不推荐家庭使用		

（续表）

	有效成分	应用范围	使用说明	注意事项
双链季铵盐类消毒剂	双癸基二甲基氯化铵（$C_{22}H_{48}ClN$），双癸基二甲基溴化铵（$C_{22}H_{48}BrN$）	适用于环境与物体表面（包括纤维与织物）的消毒；适用于卫生手消毒，与醇复配的消毒剂可用于外科手消毒	物体表面消毒：无明显污染物时，使用浓度1000mg/L；有明显污染物时，使用浓度2000mg/L。卫生手消毒：清洁时使用浓度1000mg/L，污染时使用浓度2000mg/L	外用消毒剂，不得口服。置于儿童不易触及处。避免接触有机物和拮抗物。不能与肥皂或其他阴离子洗涤剂同用，也不能与碘或过氧化物（如高锰酸钾、过氧化氢、磺胺粉等）同用

表 6.2　其他日常用消毒剂（源于国家食品药品监督管理局）

	有效成分	应用范围	使用说明	注意事项
含碘消毒剂	碘酊	适用于手术部位、注射和穿刺部位皮肤及新生儿脐带部位皮肤消毒，不适用于黏膜和敏感部位皮肤消毒	用无菌棉或无菌纱布蘸取碘酊，在消毒部位进行擦拭2遍以上，再用擦拭布蘸取75%医用酒精擦拭脱碘	外用消毒液，禁止口服，对碘过敏者慎用，密封、避光置于阴凉通风处保存
	碘伏	适用于外科手及前臂消毒，黏膜冲洗消毒	在常规刷手基础上，用无菌纱布蘸取碘伏均匀擦拭	
酚类消毒剂	苯酚（C_6H_5OH），甲酚（$CH_3C_6H_4OH$）	适用于物体表面和织物等消毒	物体表面和织物用有效成分1000~2000 mg/L擦拭消毒15~30 min	苯酚、甲酚对人体有毒性，在对环境和物体表面进行消毒处理时，应做好个人防护，如有高浓度溶液接触到皮肤，可用乙醇擦去或大量清水冲洗
单链季铵盐类消毒剂	苯扎氯铵（$C_{22}H_{40}ClN$），苯扎溴铵（$C_{21}H_{38}BrN$）	适用于环境与物体表面（包括纤维与织物）的消毒。适用于卫生手消毒，与醇复配的消毒剂可用于外科手消毒	物体表面消毒：无明显污染物时，使用浓度1000 mg/L；有明显污染物时，使用浓度2000 mg/L。卫生手消毒：清洁时使用浓度1000 mg/L，污染时使用浓度2000 mg/L	外用消毒剂，不得口服。置于儿童不易触及处。避免接触有机物和拮抗物。不能与肥皂或其他阴离子洗涤剂同用，也不能与碘或过氧化物（如高锰酸钾、过氧化氢、磺胺粉等）同用

（a）醇类消毒剂　　　　　（b）含氯消毒剂　　　　　（c）醛类消毒剂

（d）过氧化物类消毒剂　　　　（e）双链季铵盐类消毒剂

图 6.8　可有效针对新型冠状病毒的消毒剂
（图片源自网络）

（a）含碘消毒剂　　　　（b）酚类消毒剂　　　（c）单链季铵盐类消毒剂

图 6.9　其他日常用消毒剂
（图片源自网络）

　　场合需求不同，应选择不同成分消毒剂或不同特点的消毒湿巾。例如，无醇的季铵盐类的消毒湿巾适应于对气味敏感的场合的消毒；含醇的季铵盐类的消毒湿巾适应于周转速度快、人流量大的场合使用；含氯型消毒湿巾适应于感染可能性大的场合以及有暴发感染事件场合使用。

6.3 即用型湿巾的加工与制备

湿巾和酒精棉片都是以水刺非织造布为载体，再浸渍以各种各样的原液而制成的产品，两者的不同在于酒精棉片主要是以 75% 浓度的酒精为主要原液，且尺寸更为小巧。湿巾溶剂中包含一些特殊的应用成分。用于生产湿巾和酒精棉片的纤维可以是天然生长的，也可以是人工合成的，采用天然纤维制成的湿巾和酒精棉片会更加难保存。尽管有些湿巾采用棉等天然纤维作为原料，但大部分以人工合成的聚酯（PET）纤维、黏胶纤维、聚酰胺纤维等为原料。东华大学研发的高清洁无浆料医用消毒水刺材料采用黏胶纤维、涤纶和低熔点纤维三种原料，用水刺替代原化学剂黏合生产工艺，生产过程绿色环保、无污染，提高了生产效率，产能增加 11.5%，降低烘干能耗 39.5%，缩短了生产流程，排水达到城市排污排放标准，实现循环利用、清洁生产，获得了 2019 年山东省科学技术进步三等奖。

6.3.1 水刺非织造布生产工艺

目前湿巾和酒精棉片非织造基材的主要生产工艺为水刺法。水刺加固工艺是依靠高压水，经过水刺头中的喷水板，形成微细的高压水针射流对托网帘或转鼓上运动的纤网进行连续喷射，在水针直接冲击力和反射水流作用力的双重作用下，纤网中的纤维发生位移、穿插、相互缠结抱合，形成无数的机械结合，从而使纤网得到加固。水刺非织造布具有良好的手感和柔软性，具有良好的吸湿性，不易落毛，不含化学黏合剂。水刺非织造布卷和电镜图如图 6.10 所示。从图 6.10（b）中可以清楚地看到纤维之间的纠缠、穿插结构。

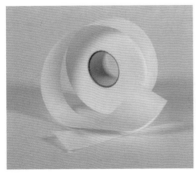

（a）水刺非织造布卷　　　　　（b）水刺非织造布电镜图

图 6.10　水刺非织造布

水刺非织造布生产工艺流程：纤维原料→开松混合→成网→水刺加固→干燥成型→成卷打包。图 6.11 为水刺工艺原理。首先，纤网进入水刺区，因初始结构较为疏松且抱合力弱，需经过一道预水刺处理，从而增大纤网含湿量，使纤维表面摩擦因数变大，这有利于增大纤维之间的缠结度，为进入主水刺区加固做准备；当纤网进入主水刺区域内，高压水经过水刺头的喷水板形成微细的水针射流对托网帘上运动的纤网进行连续喷射，纤网中的纤维在水针直接冲击力和反射水流的双重作用下，发生位移、穿刺，相互缠结抱合，形成自锁式的机械结合，从而实现纤网加固目的。在水刺非织造布的生产过程中，影响水刺非织造布最终性能的因素比较多，包括纤维原料、牵伸倍数、铺网方式、铺网层数、水刺道数、水刺头数量、水针压力、水针作用距离、水刺加固方式等。

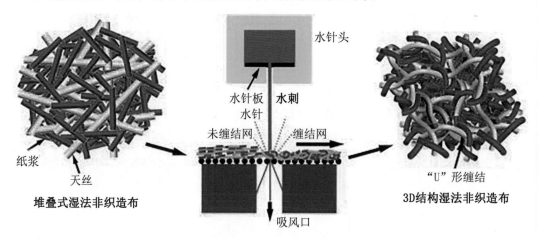

图 6.11　水刺工艺原理

（图片源自：Zhang Y , Jin X . The influence of pressure sum, fiber blend ratio, and basis weight on wet strength and dispersibility of wood pulp/Lyocell wetlaid/spunlace nonwovens［J］. Journal of Wood Science, 2018.）

6.3.2　原液配置工艺

原液是湿巾和酒精棉片中重要组成部分，湿巾原液的配比、用量会影响湿巾的湿润性、除污性和除菌性能。不同用途的湿巾会根据使用场合来合理配置其原液。酒精棉片所用原液大部分为酒精和纯化水，主要采用 75% 酒精达到消毒除菌的作用。

原液配置工艺流程：原液用物料→计量→投料到搅拌锅中→加热、灭菌→混合→输送到存储罐→原液。

湿巾原液的主要成分有：

① 水：包括精制水、纯水和 RO 纯水。湿巾中的原液含量一般占到湿巾重的 80% 左右。含量过低，湿巾会比较干；而含量过高会感觉太湿，用起来不方便。而原液中 90% 以上是水。为了避免水与药物发生反应，湿巾中使用的水必须是经过特别处理的水，可以在包装成分上看到 "精制水"、"纯水" 和 "RO 纯水" 字样。

② 保湿剂。目前湿巾中使用的保湿剂较多采用丙二醇。丙二醇是一种溶剂，也是保湿剂，可以帮助药液中的有效物质溶解在水中，使水分不容易挥发，并起到抗菌和防腐的作用。几乎所有的湿纸巾中都含有保湿剂。

③ 防腐剂。湿巾中的防腐剂通过分解物破坏菌体结构，破坏其新陈代谢而杀死各类细菌、真菌和酵母菌。湿巾中含有大量水分和各种其他物质，为了保持有效物质的活性，一定要加入防腐剂。但部分防腐剂对人体有危害，所以，湿巾中对防腐剂的使用种类和用量有严格的要求。

④ 抗菌剂。抗菌剂的种类很多，既有化学合成的抗菌剂，又有天然的抗菌剂，如乳酸纳、桉树叶提取物。顾名思义，抗菌剂可以消灭细菌，抑制细菌繁殖。

⑤ 非离子表面活性剂。非离子表面活性剂具有很高的表面活性及良好的增溶、洗涤、抗静电等性能。洗衣粉和大部分洗涤剂中都含有非离子表面活性剂，具体作用是去除污垢和油脂，达到清洁的目的。

此外，湿巾原液中还有其他天然成分，如：桉树叶精华，其含有天然的杀菌剂甘菊油，有舒缓和消炎的作用；芦荟精华，有保湿滋润的效果；杀菌的酒精等。但专家提醒，人们接触过多的防腐剂和酒精等化学成分，会对健康产生一定的不良影响，如引发接触性皮炎和皮肤过敏等问题。

6.3.3 水刺非织造布湿巾加工方法

水刺非织造布湿巾的加工过程：水刺非织造布→切割→输送到纸巾自动折叠机→加入湿巾原液→包装→湿巾。

水刺非织造布的加湿过程就是将配置好的原液，通过喷淋的方式，按照一定的比例施加到水刺非织造布上，使其从干巾变成湿巾的过程，水刺非织造湿巾的折叠、喷淋和包装设备如图 6.12 所示。这就要求水刺非织造布具有一定的吸水性，目前主要采用黏胶纤维和涤纶为原料的水刺非织造布，通常是 3∶7、5∶5 和 7∶3 等，黏胶含量越高质量也越好，成本和价格也越高。

（a）湿巾折叠机

（b）湿巾原液喷淋机

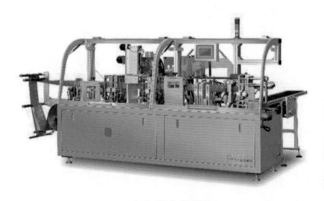
（c）湿巾包装机

图 6.12　水刺非织造湿巾
（图片源自：互联网。设备分别源自义乌市久业机械设备有限公司、温州瑞润机械有限公司）

6.3.4 可冲散非织造材料加工工艺

随着各国在强化质量意识的同时更加注重环保意识，人们开始把湿巾的可冲散性作为衡量产品环保性的一个指标。湿巾可冲散性的评定，目前只有北美非织造布协会（INDA）/欧洲非织造协会（EDANA）制定的《可冲散性指南》行业准则第 4 版（GD4）。可冲散性是指湿巾可穿过抽水马桶底部的排水孔而不易堵塞下水道的能力，并且一段时间后产品在环境中不能被辨认出来。可冲散性是湿巾受水流场剪切力作用而发生瓦解的能力。如图 6.13 为部分可冲散湿巾产品。

可冲散湿巾材料生产工艺流程如图 6.14 所示，目前较多采用的纤维原料为木浆和短切再生纤维素纤维，以木浆为主体。通过将木浆打浆、除杂、磨浆，最后和合成纤维浆体在混合池进行混合，经过斜网成形之后再水刺加固，然后过烘箱烘干，最后进行卷绕、分切和打包。其最终的产品在水中可完全自主分散，分散过程如图 6.15 所示。由于木浆纤维长度短，当它们受到恒定的剪切应力时，很容易与材料主体分离，致使没有足够缠结的部分合成纤维从样品中解体，并逐渐导致多个部分的纤维发生解缠结。流动剪切应力首先将材料分成几个较小的部分，然后逐步均匀分解，最后呈现材料被完全分散的现象。

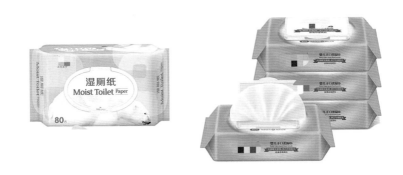

图 6.13　可冲散湿巾产品示例
（图片源自网络）

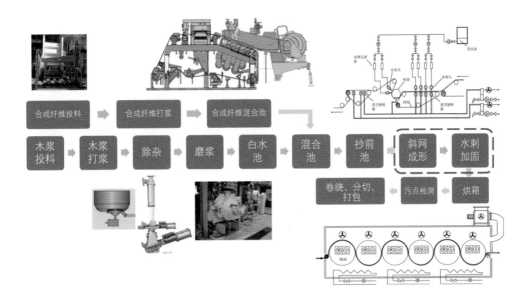

图 6.14　可冲散湿巾材料生产工艺流程

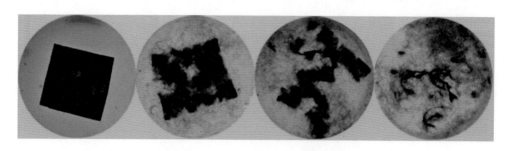

图 6.15　可冲散材料在水中的分散过程

6.4　国内外即用型湿巾的相关标准

6.4.1　国内标准

表 6.3 根据 GB/T 27728—2011《湿巾》和 GB 15979—2002《一次性使用卫生用品卫生标准》列出了湿巾产品需要满足的主要指标。卫生湿巾除了达到表 6.3 中的微生物学标准外，在使用过程中还需达到对大肠杆菌、金黄色葡萄球菌的杀灭率 ≥ 90%，对白色念珠菌的杀灭率 ≥ 90%，其在室温下杀灭上述菌群的作用至少保持 1 年。消毒湿巾除了达到表 6.3 中的微生物学标准外，在使用过程中还需对自然菌现场试验杀灭率 ≥ 90.0%，对大肠杆菌、金黄色葡萄球菌、白色念珠菌等其他微生物杀灭率 ≥ 99.9%。普通湿巾符合 GB/T 27728—2011《湿巾》、GB 15979—2002《一次性使用卫生用品卫生标准》，按照第三类消毒产品进行生产经营。卫生湿巾符合 GB 15979—2002《一次性使用卫生用品卫生标准》、WS 575—2017《卫生湿巾卫生要求》，按照第三类消毒产品进行生产经营。消毒湿巾可参照团标 T/WSJD 001—2019《载体消毒剂卫生要求》。

表 6.3　GB/T 27728—2011《湿巾》和 GB 15979—2002
《一次性使用卫生用品卫生标准》中湿巾的主要指标

指标名称		单位	湿巾
偏差	长度	%	≥ -10
	宽度		

（续表）

指标名称	单位	湿巾
含液量	倍	≥ 1.7
横向抗胀强度	N/m	≥ 8.0
包装密封性能	—	合格
细菌菌落总数	菌落个数 /g	≤ 20
大肠菌群	—	不得检出
致病性脓菌	—	不得检出
真菌菌落总数	—	不得检出

酒精棉片尚无相应的国家标准，可参照湿巾相关标准，符合 GB 15979—2002《一次性使用卫生用品卫生标准》，也可参照企业标准 Q/320506 DBV10—2019。

目前，普通湿巾和卫生湿巾标准已经相当完善，应用也比较普及。但是，消毒湿巾和酒精棉片的相关标准还不够确切和完善，这就要求企业要按照相关法律法规进行生产经营。尽管如此，企业依然可以参照团体标准 IWSJD 001—2019《载体消毒剂卫生要求》进行生产经营和管理。

6.4.2 国外标准

美国对消毒湿巾微生物检测的相关要求根据 2016 年 6 月举办的世界擦拭巾大会（WOW2016）上，Accuratus Lab Services 实验室的技术总监 Karen Ramm 所作的题为《一次性消毒湿巾功效的检测要求》的演讲报告整理如表 6.4 所示。

表 6.4　美国消毒湿巾检测要求

宣称的消毒效果	微生物	美国环保局检测要求（针对每种微生物）	检测结果要求（针对每批次每种微生物）
有限功效	肠道沙门氏菌或金黄色葡萄球菌	不少于 3 批，每批 60 个样本	0~1 阳性 /60

（续表）

宣称的消毒效果	微生物	美国环保局检测要求（针对每种微生物）	检测结果要求（针对每批次每种微生物）
通用、家用、广谱效用	肠道沙门氏菌和金黄色葡萄球菌	不少于3批，每批60个样本	0~1阳性/60
医用或医学环境用	金黄色葡萄球菌和绿脓杆菌	不少于3批，每批60个样本	0~1阳性/60
对结核菌的消灭作用	牛型结核分歧杆菌	不少于2批，每批10个样本	0阳性/10
对真菌的消灭作用	须癣毛癣菌	2批，每批10个样本	0阳性/10
对其他微生物的消灭作用	标签上标出的任何其他微生物	2批，每批10个样本	0阳性/10

6.5 即用型湿巾的防护原理

6.5.1 季铵盐消毒剂消毒原理

目前，市面上较多的消毒湿巾加入的是季铵盐类消毒剂。季铵盐类消毒剂又分为：单链季铵盐，常见的有苯扎氯铵（$C_{22}H_{40}ClN$）、苯扎溴铵（$C_{21}H_{38}BrN$）；双链季铵盐，常见的有双癸基二甲基氯化铵（$C_{22}H_{48}ClN$）、双癸基二甲基溴化铵（$C_{22}H_{48}BrN$）。季铵盐类消毒剂在低浓度下有抑菌作用，较高浓度下可杀灭大多数种类的细菌繁殖体与部分病毒。季铵盐类消毒剂的作用机理类似于洗涤剂，可对抗微生物细菌，特别是针对以下几种细菌：粪肠球菌、金黄色葡萄球菌、肺炎克雷伯菌、鲍曼不动杆菌、铜绿假单胞菌和肠杆菌。如图6.16所示，带正电的季铵盐化合物头和带负电荷的细菌细胞膜之间具有静电作用，随后季铵盐化合物分子侧链渗透到细菌细胞膜内区域，最终导致细胞裂解。

相比于单链季铵盐类消毒剂，双链季铵盐类消毒剂表现出更高更强的消毒效果，其原因是它的结构中含有两个长链的疏水基团和两个带正电荷的N^+，经过诱导作用增加季氮的正电荷密度，增加消毒剂在细菌表面的吸附能力，从而改变细菌细胞膜的渗透性，使菌体破裂。另外，由于该类消毒剂含有两个疏水基团，

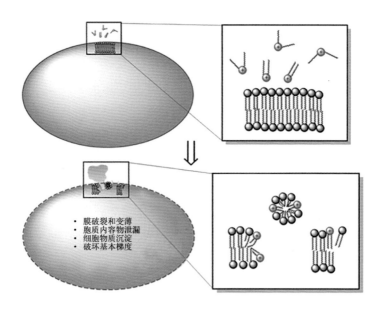

图 6.16　季铵盐化合物对细菌的作用机理

（图片来源：Jennings Megan C,Minbiole Kevin P C,Wuest William M. Quaternary Ammonium Compounds: An Antimicrobial Mainstay and Platform for Innovation to Address Bacterial Resistance.[J]. ACS infectious diseases,2015,1（7）.）

会更有利于其进入菌体细胞的类脂层与蛋白质层，从而使细菌内部的相关酶失去活性，并导致蛋白质变性。随着该类消毒剂中上述两种作用相互协同，会表现出比单链季铵盐类消毒剂更强、更广谱的消毒效果。

季铵盐类消毒剂的杀菌浓度较低，一般含量千分之几即可，其毒性与刺激性较低，对人体无危害，且气味较小，无明显刺激性。季铵盐类消毒剂溶液无色，不会染污物品，亦无腐蚀、漂白作用，水溶性好，表面活性强，使用方便；性质稳定，耐光，耐热，耐贮存。但这类消毒剂对部分微生物抑制效果不好，特别是对某些病毒，杀菌效果受有机物影响较大，配伍禁忌较多，价格方面也较为昂贵。

季铵盐类消毒剂属于外用消毒剂，不得口服，应放置于儿童不易触及处，在使用过程中应避免接触有机物和拮抗物，不能与肥皂或其他阴离子洗涤剂同使用，也不能与碘或过氧化物（如高锰酸钾、过氧化氢、磺胺粉等）同时使用。低温时可能出现浑浊或沉淀现象，可置于温水中加温。高浓度原液可造成严重的角膜、皮肤及黏膜灼伤，生产操作时须穿戴防护服、眼罩、面罩与橡胶手套，一旦接触，应立即用大量水轻轻冲洗 15~20 min，并检查有无灼伤以确定是否就医。

6.5.2 酒精消毒原理

酒精作为皮肤消毒剂在医疗卫生与个人家庭中应用极为普遍，只有正确认识与应用才能保护人体健康。酒精消毒是法国著名化学家路易·巴斯德首先对葡萄酒进行了深入、系统的科学研究之后，第一次分离出了酵母菌，揭示了酒精发酵的实质，并发明了"巴氏"消毒粉，酒精消毒也因而得到应用与推广。

酒精能够吸收细菌蛋白的水分，使其脱水变性凝固，引起蛋白质的变性和沉淀，从而达到杀灭细菌的目的。如果使用高浓度酒精，对细菌蛋白脱水过于迅速，使细菌表面蛋白质首先变性凝固，形成一层坚固的包膜，酒精反而不能很好地渗入细菌内部，以致影响其杀菌能力，机理如图 6.17 所示。浓度 75% 的酒精与细菌的渗透压相近，可以在细菌表面蛋白质未变性前逐渐不断地向菌体内部渗入，使细菌所有蛋白脱水、变性凝固，最终杀死细菌。酒精浓度低于 75% 时，由于渗透性降低，也会影响杀菌能力。

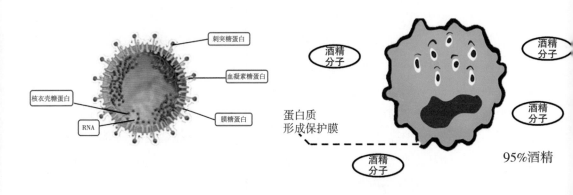

图 6.17　酒精浓度 95% 时无法有效灭菌原理图
(图片来源：《南方都市报》)

由此可见，酒精杀菌消毒能力的强弱与其浓度大小有直接的关系，浓度过高或过低都不行，效果最好的浓度是 75%。酒精极易挥发，因此，消毒酒精配好后，应立即置于密封性能良好的瓶中保存、备用，以免因挥发而降低浓度，影响杀菌效果。另外，酒精的刺激性较大，黏膜消毒应忌用。

药用酒精（乙醇）是医疗单位和家庭药箱的必备药品，是最常用的外用制剂之一。值得注意的是，不同用途的酒精要求不同的浓度。

6.5.2.1 浓度 95% 酒精用作燃料

医疗单位常需使用酒精灯、酒精炉，点燃后用于配制化验试剂或药品制剂的加热，也可用其火焰临时消毒小型医疗器械。

6.5.2.2 浓度 70%~75% 酒精用于灭菌消毒

用浓度 70%~75% 的酒精消毒医疗器械，应当用浸泡的方法，时间不得少于 30 min；浸泡消毒后应用无菌生理盐水冲洗，以免器械上的残余酒精刺激机体组织。

因为酒精只能杀死细菌，不能杀死芽孢和病毒，所以医疗注射或手术前的皮肤消毒常使用效果更好的碘酒。为了减少碘对皮肤的长期刺激，一般在用碘酒消毒后，用浓度 75% 酒精脱去碘。由于酒精具有一定的刺激性，浓度 75% 酒精可用于皮肤消毒，但不可用于黏膜和大创面的消毒。

6.5.2.3 浓度 40%~50% 酒精用于预防褥疮

长期卧床患者的背、腰、臀部因长期受压易引发褥疮，而且褥疮一旦形成很难愈合，其预防方法是勤翻身、勤擦洗、勤按摩。按摩时，护理人员会将少量浓度 40%~50% 的酒精倒入手中，均匀地按摩患者受压部位，到促进局部血液循环，以达防止褥疮形成的目的。

6.5.2.4 浓度 25%~50% 酒精用于物理退热

高烧患者除药物治疗外，最简易、有效、安全的降温方法就是采用浓度 25%~50% 酒精擦浴的物理降温方法。用酒精擦洗患者皮肤时，不仅可刺激高烧患者的皮肤血管扩张，增加皮肤的散热能力，还由于其具有挥发性，可吸收并带走大量因高热产生的热量，使体温下降、症状缓解。

具体方法：将纱布或柔软的小毛巾用酒精蘸湿，拧至半干，轻轻擦拭患者的颈部、胸部、腋下、四肢和手脚心。擦浴用酒精浓度不可过高，因为大面积地使用高浓度酒精会刺激皮肤，吸收表皮大量的水分。

提醒：医用酒精必须到医疗机构购买，切不可误用工业酒精，因为工业酒精中不仅含有较多的杂质，还含有有毒物质（如甲醇）。再者，酒精是易燃的危险品，保存时既要注意避光、避热、密封放在阴凉处，以免挥发后浓度降低，又要注意远离火源和电器，以免发生火灾。

6.6 即用型湿巾的使用方法

消毒湿巾手部擦拭八步法如图 6.18 所示。打开湿巾包装，将湿巾铺展于手掌中心，首先搓揉掌心，然后翻转擦拭手背，再擦拭指缝和指甲，指缝和指甲是污垢容易聚集的点，也是人们在清洁过程中容易忽视的部分，最后擦拭每个手指和手腕，擦拭完成后自然晾干即可。

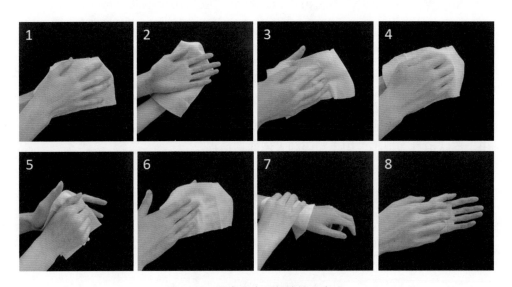

图 6.18　消毒湿巾手部擦拭八步法

在日常生活中，考虑到个人卫生清洁都会随身携带小包湿巾，在需要清洁的时候用湿巾进行擦拭，便捷有效。然而在使用过程中，多数人只是毫无规则地擦拭，很容易造成清洁不足和二次污染。湿巾使用过程中需要注意以下问题：

①擦拭要轻柔。因为湿巾的基布材料为非织造布，纤维之间以柔性缠结方式加固而成，所以不宜用力过度，防止出现掉絮，造成二次污染。

②一些敏感部位和关键部位避免直接接触，如眼睛、中耳及黏膜处等。

③可先抽取一片擦拭进行清洁，之后再抽取一片擦拭进行消毒。

消毒湿巾与酒精棉片在使用过程中应该尽量避免重复擦拭，以防造成二次污染。图 6.19 为几种常见的消毒湿巾与酒精棉片使用场景。抽取一张湿巾或棉片，轻轻擦拭需要清洁的部位，如有必要，可另取一张重复擦拭，直到完成清洁。科

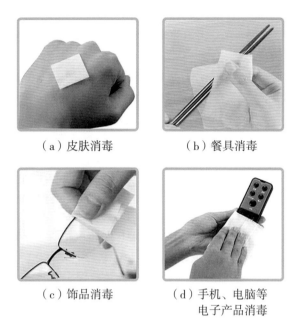

（a）皮肤消毒　　　　　　（b）餐具消毒

（c）饰品消毒　　　　　（d）手机、电脑等
　　　　　　　　　　　　　　电子产品消毒

图 6.19　消毒湿巾与酒精棉片使用场景
（图片源自网络）

学的擦拭方法可以有效地去除有害细菌和病毒。

　　选用酒精棉片需要选用酒精浓度为 75%±5%，只有浓度达到 75%±5% 才能有效消灭细菌。在使用酒精棉片清洁伤口时，应认真仔细，避免异物遗留在伤口上。酒精棉片为一次性产品，切勿重复使用。在使用过程中，为避免液体挥发，开封后应当立即使用，剩余的请密封保存。对酒精成分过敏者，切勿使用。酒精棉片属于消字号产品。生产必须有消字号证件。购买正规酒精棉片，需认准医疗器械行业认证的生产厂家。

参考文献

［1］耿卫东，杨玉喜.湿巾配方［J］.日用化学品科学，2013，36（4）：51–53.
［2］影墨.宝宝湿巾的选购与使用［J］.农村百事通，2019（21）：54–55.
［3］孙静，邢婉娜，曹宝萍，等.中国一次性卫生用品行业 2018 年概况和展望
　　　［J］.造纸信息，2019（10）：54–63.

［4］朱力，刘颖.卫生湿巾安全及质量综合性评价［J］.中国卫生产业，2019，16（4）：151-152.

［5］王玉晓，李晶，王丹，等.医用非织造产品的研究与应用进展［J］.纺织导报，2017（12）：69-72.

［6］潘肖.黏胶纤维成品质量提升的研究分析［D］.唐山：华北理工大学，2019.

［7］赵博.柔巾湿巾用水刺非织造布性能的测试及分析［J］.聚酯工业，2017，30（06）：35-41.

［8］张寅江，王荣武，靳向煜.湿法水刺可分散材料的结构与性能及其发展趋势［J］.纺织学报，2018，39（6）：167-174.

［9］张寅江，邓超，王丹，等.Mechanical properties of nonwoven wiping material with different spunlace processes［J］.Journal of Donghuauniversity（English Edition），2017，34（2）：322-324.

［10］张廷轩，孙丽静，刘晓鹏.一次性消毒湿巾与传统消毒方法对物体表面消毒效果的对比［J］.中国消毒学杂志，2017，34（3）：279-281.

［11］吴桃桃.湿巾用水刺非织造材料工艺与性能的研究［D］.上海：东华大学，2009.

［12］Jennings Megan C,Minbiole Kevin P C,Wuest William M. Quaternary ammonium compounds: An antimicrobial mainstay and platform for innovation to address Bacterial Resistance.［J］. ACS Infectious Diseases, 2015, 1（7）：288-302.

［13］李健男.湿巾用V型熔喷无纺布性能研究及产品开发［D］.上海：东华大学，2016.

［14］赵彬.纤维形态特征对水刺非织造材料的性能影响研究［D］.上海：东华大学，2014.

［15］张宇晔，高静，黄世昌，等.一种季铵盐消毒巾对物体表面滞留消毒效果研究［J］.中国消毒学杂志，2019，36（5）：397-399.

［16］HE W, ZHANG Y, LI JH, et al. A novel surface structure consisting of contact-active antibacterial upper-layer and antifouling sub-layer derived from gemini quaternary ammonium salt polyurethanes.［J］. Scientific Reports, 2016, 6.

［17］ZHANG Y , JIN X . The influence of pressure sum, fiber blend ratio, and basis weight on wet strength and dispersibility of wood pulp/Lyocell wetlaid/spunlace nonwovens［J］. Journal of Wood Science, 2018,64（3）:256-263.

［18］Tavanaie, Mohammad Ali. Melt Recycling of Poly（lactic Acid）Plastic Wastes to Produce Biodegradable Fibers［J］. Polymer-Plastics Technology and Engineering, 2014, 53（7）:742-751.

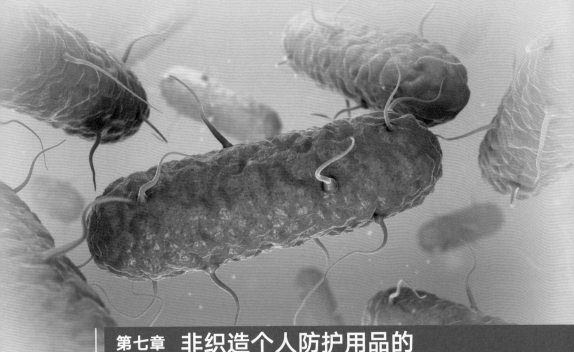

第七章 非织造个人防护用品的灭菌方式

　　消毒和灭菌是预防和控制感染传染性疾病的重要环节之一，GB 15980—1995《一次性使用医疗用品卫生标准》中定义，消毒是指杀灭或清除传播媒介上的病原微生物，使之达到无害化处理；灭菌是指杀灭或清除传播媒介上的所有微生物，使之达到无菌程度，因此，消毒和灭菌存在较大区别。第一，两者所要求达到的处理水平不同：消毒只要求杀灭或清除病原微生物，使其数量减少到不再能引起人发病；而灭菌则要求将所有微生物杀死或清除。第二，两者所选用的处理方法不同：消毒只需选用具有一定杀菌效力的物理方法、化学消毒剂或生物消毒剂；而灭菌必须选用能杀灭所有抵抗力强的微生物的物理方法或化学灭菌剂，与消毒相比，灭菌要求更高，处理更难。第三，两者应用的场所与处理的对象不同：灭菌主要用于处理医院中进入人体无菌组织器官的诊疗用品以及与人体密切接触的防护用品等；而消毒除用于处理日常生活和工作场所的物品，也用于医院中一般场所的消毒处理等。因此，针对非织造医用个人防护用品，如医用防护服、医用口罩等，在投入使用之前，必须经过灭菌处理，这样既能延长该类产品的存放时间，又能防止使用者发生交叉感染。本章对非织造医用个人防护用品的三大主要灭菌方式：环氧乙烷灭菌、钴60辐照灭菌、紫外线灭菌的原理、流程、影响因素及国内外相关标准进行介绍。

　　目前，所使用的较为成熟的灭菌方法分类如图 7.1 所示，一般分为物理灭菌法和化学灭菌法两大类。其中，物理灭菌法又包括热力灭菌、辐照灭菌、过滤除菌。热力灭菌是利用高温使微生物细胞内的蛋白质和酶类发生变性而失活，从而起到灭菌作用，根据使用环境不同，又可分为干热灭菌和湿热灭菌。辐照灭菌是利用电离辐射杀死大多数物质上的微生物，所使用的电磁波有微波、紫外线（UV）、X 射线、γ 射线等，它们都能通过特定的方式控制微生物生长或杀死微生物。过滤除菌法是用物理阻留的方法将液体或空气中的细菌除去，以达到无菌目的，主要用于血清、毒素、抗生素等不耐热生物制品及空气的除菌。化学灭菌法是指使用具有灭菌功能的溶液进行浸泡、喷洒、擦拭以及气体熏蒸等，包括气体灭菌法和液体灭菌法。气体灭菌法是指采用气态杀菌剂（如臭氧、环氧乙烷、过氧乙酸蒸汽等）进行灭菌的方法，该法适合环境消毒以及不耐加热灭菌的医用器具、设备和设施的灭菌，但不应使器具因灭菌而受到破坏和损伤。液体灭菌法是指采用液态杀菌剂（如 75% 乙醇、1% 聚维酮碘溶液、0.1%~0.2% 苯扎溴铵、2% 左右的酚或煤酚皂溶液等）进行灭菌的方法，该法常作为其他灭菌法的辅助措施，适合于皮肤、无菌器具和设备的灭菌。

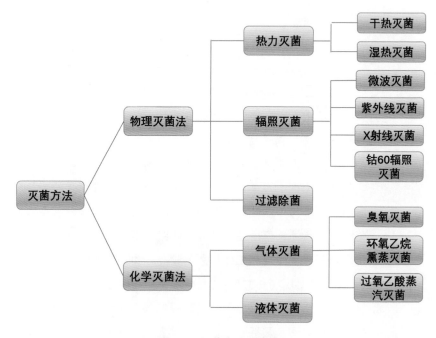

图 7.1　灭菌方法分类图

灭菌方法的种类固然繁多，但由于防护用品原材料千差万别，并不是所有的灭菌方法均适用。例如蒸汽灭菌的特点是环境温度高、湿度大，而纯棉具有较好的吸湿排湿性且耐热性好，因此适用于蒸汽灭菌，而锦纶虽耐湿性好但耐热性较差，纯毛织物既不耐湿也不耐热，所以不能用蒸汽灭菌的方法。

医用防护非织造材料，如医用外科口罩、医用防护口罩、医用防护服、隔离服、手术衣等，一般经过了一系列复杂的加工工艺，但在投入市场之前，还必须进行颇为耗时的最后环节：灭菌。灭菌过程中，能杀死残留在材料上的各种微生物和细菌繁殖体，为医护人员的生命健康提供保障。目前，我国防护非织造材料主要有化学灭菌法中的环氧乙烷熏蒸灭菌以及物理灭菌法中的钴 60 辐照灭菌和紫外线灭菌。

7.1 环氧乙烷灭菌

7.1.1 环氧乙烷的理化性质

我国的医用防护材料通常使用环氧乙烷进行灭菌处理，一般需要 7~14d 的处理时间。环氧乙烷（简称 EO），又名氧化乙烯，分子式为 C_2H_4O，结构示意图如图 7.2 所示。环氧乙烷是一种最简单的环醚，易与水、醇、胺、酸以及带有不稳定氢原子的化合物进行反应。其液体呈无色透明状，易溶于水，也可溶于常用的有机溶剂或油脂。该物质易于气化，其气体穿透力强，对被消毒物品的腐蚀性和损坏性很小。环氧乙烷易燃易爆，当其在空气中的浓度超过 3% 时，遇明火即可

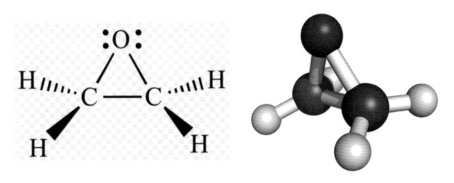

（a）路易斯结构示意图　　　　　　（b）分子结构示意图

图 7.2　环氧乙烷结构示意图（图片来源：互联网）

燃烧爆炸，故应保存在特制的安瓿瓶或耐压金属罐中。由于环氧乙烷存在以上缺点，一般将其与二氧化碳（CO_2）进行稀释混合使用，主要目的是降低可燃性，另外也有助于气体扩散，使其进入被灭菌物体内部，从而对环氧乙烷起着增效的作用。

鉴于环氧乙烷的广谱杀菌性、穿透力强、对灭菌对象的损害较小、包装存储要求不高的特点，美国从 20 世纪 90 年代起就对几乎所有的医疗器械物品采用环氧乙烷法灭菌。近年来，中国也逐渐将环氧乙烷广泛地应用于不耐高温、高湿的设备及医药制品的消毒，如电子仪器、医疗器械、光学仪器、塑料封装等。

7.1.2 环氧乙烷气体的灭菌机理

环氧乙烷是一种非特异性烷基化药物，在常温下能迅速同许多重要的有机物质，包括氨基酸、蛋白质、核蛋白起化学反应，并作用于蛋白质的羟基（—OH）、氨基（—NH₂）、羧基（—COOH）和硫氢基（—SH），发生烷基化反应，取代各基团上的活泼氢原子，生成烷基化产物。由于该化合物与具有相同烷基化能力的环氧乙烷一样具有活性，因此会削弱许多微生物反应基团的正常功能，破坏微生物新陈代谢，从而杀死微生物，灭菌机理如图 7.3 所示。以环氧乙烷为主要成分的混合气体，能杀死多种微生物，其中包括细菌、真菌、结核杆菌、立克次氏体、螺旋体、病毒及芽胞等，可以达到完全灭菌的效果，因此，是一种理想的气态灭菌剂。

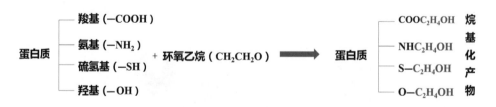

图 7.3　环氧乙烷灭菌机理图

7.1.3 环氧乙烷灭菌的工艺流程

我国医用个人防护非织造材料种类繁多，包括医用防护口罩、医用外科口罩、日常防尘口罩、儿童口罩、医用防护服、隔离服、手术衣等，目前所采用的灭菌方法为环氧乙烷灭菌。环氧乙烷灭菌的工艺流程主要包括预处理、灭菌、解析三大环节。

预处理主要指给待灭菌产品进行预热及加湿。预热是将被灭菌物品放入灭菌容器内进行预热，使物品达到一定温度，可根据物品本身的耐受温度进行不同要求的预热。如温度较高时，可适当缩短灭菌周期。一般环氧乙烷混合气体的灭菌温度可在 20~60 ℃。预湿是在熏蒸灭菌前，一般可把相对湿度调整到 30%，以保证良好的灭菌效果。

灭菌主要指通入环氧乙烷和二氧化碳混合气体，使产品暴露在其中。灭菌作用时间即环氧乙烷与二氧化碳混合气体熏蒸灭菌作用时间，一般可根据被灭菌物品的性质、特点及灭菌对象所决定。但必须考虑以下两点因素：①温度。通常温度增加，灭菌率增加，作用时间相对缩短。②浓度。环氧乙烷浓度增加，作用时间缩减。

解析主要指采用通风和加热系统将产品上吸附的环氧乙烷气体析出的过程。产品经过灭菌后，由于环氧乙烷穿透能力强，产品内部仍然会有少量残留，通常高于国家规定允许的残留量，因此需要解析后才能使用，一般为 7~14 d 的时间，使得环氧乙烷的残留量不大于 10 μg/g。

一般大型工程所使用的一套完整的环氧乙烷灭菌设备主要包括预热房、灭菌柜、解析房、废弃处理设备、环境 EO 浓度报警设备、检测检验设备、废弃处理

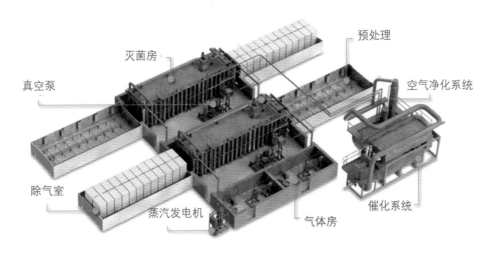

图 7.4　环氧乙烷灭菌厂分布图

（图片来源：Industrial Sterilization http://www.rsd-engineer ing.com/en/ethylene-oxide-s ter lization/ethylene-oxi de -steihiers）

设备等根据自身需求选择配置，如图 7.4 所示。预热解析可以选择在灭菌柜内完成。市面上已出现预热灭菌解析一体柜。该柜体的前部设有前密封门，柜体分别与真空泵、加湿装置、供热装置和环氧乙烷容器相连，外侧设有循环风管路，可以集预热灭菌解析功能于一体，大大减小了生产成本，提高了工作效率。环氧乙烷属于有害气体，灭菌过程中主要人员必须进行防护。灭菌完成后，为了更加有效地回收废气，废弃处理设备必须配套使用，以此符合环保要求。

目前，市面上存在的环氧乙烷灭菌器种类繁多，主要分为小型环氧乙烷灭菌器、中型环氧乙烷灭菌器和大型环氧乙烷灭菌器，如图 7.5 所示。小型环氧乙烷灭菌器主要用于医疗卫生部门或实验室，处理少量医疗器械和用品，目前所选用的气体有 100% 纯环氧乙烷和环氧乙烷与二氧化碳的混合气体。一般小型环氧乙

（a）小型　　　　　　　　　（b）中型

（c）大型

图 7.5　环氧乙烷灭菌器

（图片来源：互联网。设备分别源自河南三强医疗器械有限公司、广州市科洋医疗设备有限公司、Greathealth Trexim Ltd）

烷灭菌器的特点是自动化程度比较高，可自动加药、自动抽真空、自动调节温度和湿度并自动控制灭菌时间。中型环氧乙烷灭菌器用于一次性使用诊疗用品的灭菌，这种灭菌设备完善，自动化程度高，也可选用 100% 纯环氧乙烷和环氧乙烷与二氧化碳的混合气体。一般要求的灭菌条件为：气体浓度 800~1000 mg/L，温度 55~60 ℃，相对湿度 60%~80%，灭菌时间 6 h。灭菌完成后，需要抽真空，被灭菌物品常用可透过环氧乙烷的塑料薄膜密封包装。大型环氧乙烷灭菌器有数十立方米，一般用于大量处理物体的灭菌，用药量为 0.8~1.2 kg/m，在 55~60 ℃ 温度下作用 6 h。

环氧乙烷是一种广谱、高效的气体杀菌剂，由于其扩散性、穿透性极强，因此灭菌后仍可能有一部分环氧乙烷残留在被消毒的材料上，其残留物主要指灭菌后在物品和包装材料内的环氧乙烷，以及它的两个副产品即氯乙醇乙烷和乙二醇乙烷。对于环氧乙烷残留量的测定，国家标准方法是采用三氯甲烷或丙酮为溶媒进行萃取，也可采用气相色谱法、比色法测定。

在非织造医用个人防护用品灭菌的过程中，一定要将环氧乙烷残留量降到安全水平以下，否则会引起很大的危害。若环氧乙烷残留过量，它们会长期低剂量存在于手术室内或防护产品中，并通过皮肤、呼吸道而进入人体，严重危害医护人员的生命安全。环氧乙烷的特征、浓度和人体接触的时间决定了损害程度。

7.1.4 环氧乙烷灭菌效果的主要影响因素

由于环氧乙烷灭菌为化学反应过程，温度、压力、相对湿度、环氧乙烷浓度和作用时间等因素对反应过程的影响较大，因此在工厂和实验室中进行环氧乙烷灭菌时，都要注意温度、压力、相对湿度、环氧乙烷浓度和作用时间等因素的变化对灭菌效果的影响。

7.1.4.1 温度

在密闭空间内，温度升高可使气体分子运动加剧，有利于环氧乙烷分子渗透到本来难以到达的部位，从而提高环氧乙烷的灭菌效率。据测算，温度每升高 10 ℃，芽胞杀灭率提高 1 倍。然而，在超过一定温度范围之后，灭菌效率上升不明显，且过高的温度可能对产品造成损害，因此环氧乙烷灭菌温度范围通常为 40~60 ℃。此外，在环氧乙烷作用期间，温度必须保持在设定温度的 ±3 ℃ 范围内。

7.1.4.2 压力

预真空压力即为预真空度。预真空度的大小决定残留空气的多少，而残留空气可直接影响环氧乙烷气体、热量、湿气到达被灭菌物品的内部数量，所以灭菌过程尤其是加湿前的预真空度对灭菌效果影响巨大。

7.1.4.3 相对湿度

一定的相对湿度是环氧乙烷灭菌的重要条件，因为水在环氧乙烷灭菌过程中起着非常关键的作用：①水是烷基化反应的反应剂，能打开环氧乙烷的环氧基团，从而使其与微生物发生作用，达到灭菌目的；②水能够加速环氧乙烷的穿透，提高环氧乙烷的穿透速率；③一定的相对湿度可缩短被灭菌物品达到所设定温度的时间。比较理想的相对湿度范围是 40%~80%，如果相对湿度低于30%，则容易导致灭菌失败。在抽真空后、加药前，灭菌器内的相对湿度应控制在 30%~80%。

7.1.4.4 环氧乙烷浓度

在一定温度和相对湿度条件下，适当提高环氧乙烷浓度可以提高灭菌效率，但环氧乙烷浓度与灭菌效率之间并不存在固定的比例关系。实验表明，环氧乙烷浓度达到 500 mg/L 后，再继续提高其浓度，灭菌效率的提高已不明显。通常，实际环氧乙烷浓度需高于理想环氧乙烷浓度，因为在实际环氧乙烷灭菌过程中，还应考虑到环氧乙烷的损失（如环氧乙烷的水解、被灭菌物品对环氧乙烷的吸附等）。

300~1000 mg/L 是常用的环氧乙烷浓度，当选择 600 mg/L 时，是比较经济有效的，可以在保证灭菌效果的同时降低环氧乙烷的消耗与灭菌物品上的残留，节约了灭菌成本。

7.1.4.5 环氧乙烷作用时间

环氧乙烷作用时间是影响灭菌效果的关键因素。因为环氧乙烷灭菌属于气体灭菌，而气体灭菌并非快速灭菌，需要经历足够的时间才能达到灭菌效果。环氧乙烷作用时间采用半周期法在进行微生物性能验证时确认，在保证所有其他过程参数不变情况下，确定无存活菌的环氧乙烷最短有效作用时间（半周期）。灭菌工艺规定的作用时间应至少为半周期的 2 倍，它与温度、相对湿度、环氧乙烷浓度相关联，同时还受到被灭菌物品生物负载、包装材料、装载方式等多种因素的影响。

7.1.5 环氧乙烷废气处理技术的优化

鉴于环氧乙烷具有潜在的致癌性、致突变性、急慢性毒性作用等特点，用环氧乙烷灭菌时需要有更为严格的操作规程和技术支持。我们不仅要考虑环氧乙烷灭菌过程中灭菌柜内的温度、相对湿度、环氧乙烷浓度、环氧乙烷作用时间等因素，更要考虑灭菌过程中可能存在的泄漏和逸散环节，必须对环氧乙烷进行有效的收集，并辅以更为有效的尾气处理工艺，确保灭菌过程的安全无污染。对于灭菌行业的环氧乙烷废气处理方法，以吸附法、吸收法、燃烧法为主。

7.1.5.1 吸附法

由于活性炭是非极性吸附剂，而环氧乙烷是非极性有机化合物，所以常规使用活性炭对环氧乙烷废气进行吸附处理，具有设备简单、投资较小、净化率高等特点。但是，由于活性炭定期更换频繁，且设备运行一段时间后较难保持原有的设计处理效率，排放难以达标。

7.1.5.2 吸收法

利用吸收原理，将环氧乙烷废气溶解于吸收液中，作为废水处理或者回收利用。但是，由于环氧乙烷性质活泼，且灭菌所用浓度较高，而环氧乙烷的排放限值很低，很难能够选择到合适的吸收液。

7.1.5.3 燃烧法

主要采用催化燃烧的方式。在催化剂的作用下，环氧乙烷能在较低的温度下分解为二氧化碳、水等无毒物质。该方法是三种处理方式中处理效率最高的一种，一般普通的设计处理效率便可达到 99% 以上。同时随着技术水平的提升，使用焚烧炉可能造成的安全问题已经得到有效的解决。目前，国外均将焚烧法作为废气终端治理的首选，以满足越来越严苛的排放要求。

7.2 钴 60 辐照灭菌

7.2.1 钴 60 的理化性质

放射性同位素钴 60 是由高纯金属钴在原子反应堆中经辐照后获得，它的物理半衰期是 5.26 年，按 β-形式衰变，衰变时放射出两支能量各为 1.17 和 1.33 百万电子伏特的 γ 射线。γ 射线属于电磁波，以光速前进，不受电场或磁场的影响产生偏转，对物质的穿透能力很强，属电离辐射的一种。常见几种射线的穿透能力如图 7.6 所示，穿透能力由大到小的顺序为中子射线＞ γ 射线＞ β 射线＞ α 射线＞红外射线。中子射线的穿透能力最强，能透过纸张、木材以及具有一定厚度的混凝土；红外射线的穿透能力最弱；α 射线稍强，但还不能穿过一张纸；γ 射线的穿透能力较强，需要适当厚度的混凝土才能有效地阻挡；β 射线的穿透能力介于 α 射线和 γ 射线之间，能穿透普通的纸张，但无法透过人的皮肤。

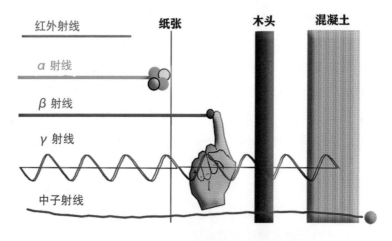

图 7.6　常见几种射线的穿透能力示意图

γ 射线与微波不同，其频率高达 $3 \times 10^{18} \sim 3 \times 10^{21}$ Hz。由于被其辐射分子、原子、离子及电子尚未极化，不随电磁场变化而转动，故不产生热效应。γ 射线能量大于分子键能，故被照射后分子易发生电离和断键，因而达到杀菌的目的。一般来说，γ 射线可使所有蛋白质变性、在溶液中的酶失去活性、脱氧核糖酸在溶液中黏度下降，干燥状态时交联或降解，或两者都有。

7.2.2 钴 60 辐照的灭菌机理

如图 7.7 所示，微生物受 γ 射线照射后，引起分子或原子电离或激发，发生一系列的物理、化学及生物变化，导致微生物死亡，作用机理一般分为直接作用和间接作用。

直接作用：γ 射线直接破坏微生物的核糖核酸、蛋白质和酶。微生物内核糖核酸、蛋白质和酶分子吸收 γ 射线能量而被激发或电离；激发态分子的共价键断裂或与其他分子反应，经电子传递产生自由基；电离分解或进行其他分子反应，导致微生物分子结构破坏而亡。

间接作用：γ 射线能量被微生物生命重要分子周围物质如水吸收而激发或电离，产生激发的水分子、电子、水离子，或裂解为氢自由基、羟自由基，从而能够与核糖核酸、蛋白质、酶进行一系列的氧化还原等反应，致微生物死亡。

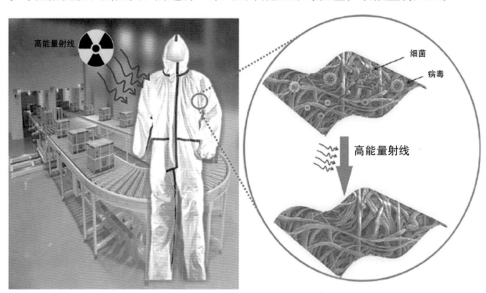

图 7.7　一次性医用防护服辐照灭菌原理示意图

（图片源自：郭丽莉，吴国忠，秦子淇.辐照技术为武汉疫情提供快速高效的医用防护服灭菌服务［J］.辐射研究与辐射工艺学报，2020，38（1）:71-74.）

7.2.3 钴 60 辐照灭菌技术助战"新冠疫情"

目前，辐照灭菌是辐射加工领域最为成熟的应用之一。作为一项环保、安全、先进的高新技术，辐照技术在国际上被广泛应用于医疗卫生健康领域。目前，欧美国家的医疗用品（医用敷料、纱布、手套、部分手术用医疗器械等）主要采用辐照技术灭菌。我国在这方面的应用仅占 10% 左右，因为人们对放射性物质存在误解，认为辐照技术不安全，会对人体产生危害。其实，钴 60 辐照灭菌技术依靠的不是辐射，而是辐照。以食品为例，在进行辐照时，射频不会直接与放射源接触，也不会添加任何化学物质，只要在国家允许的范围和限定的剂量标准内，就不会产生放射性辐射，也不会对人的健康产生危害。

在 2019 年新冠疫情中，医用一次性防护服主要采用环氧乙烷灭菌，灭菌完成后通常需要经过 7~14d 的解析时间，以降低产品内部残留的化学药剂，从而符合 GB 19082—2009《医用一次性防护服技术要求》。面对当前严峻的疫情形势，7~14 d 的解析时间无疑成为医用一次性防护服的产能瓶颈，无法快速及时供应防护服。鉴于辐照灭菌技术的优势以及在我国广为分布的钴源和加速器辐照灭菌装置，辐照灭菌技术非常成熟且已建立相对完整的标准体系，具备应急开展医用一次性防护服灭菌的要求。2020 年 2 月 7 日，国务院应对新冠肺炎疫情联防联控机制医疗物资保障组印发《关于疫情期间执行＜医用一次性防护服辐照灭菌应急规范（临时）＞的通知》，简称《应急规范（临时）》。通知中所提到的辐照技术（钴 60 或电子加速器），能够大幅缩短医用防护服灭菌周期，可从之前的 7~14 d 缩短到 1 d 以内，显著缩短防护服从生产到医院的供应周期，这对缓解治疗、防疫一线医用防护服的巨大缺口将发挥重要的作用。如广州华大生物科技有限公司采用辐照灭菌处理技术，将防疫物资的供应周期由"周"缩短至"秒"级，为抗疫工作赢得了宝贵的时间。如图 7.8 所示，在华大生物的辐照处理车间内，利用先进的加速器系统产生的高能电子束以及钴源辐照系统发出的高能 γ 射线，经过特定的工艺设计后均匀透射一箱箱防护服，为这些防疫物资消毒灭菌。但此技术只适合在一些紧急情况下使用，由于缺乏行业标准及相关技术要求，辐照灭菌技术仍存在超剂量辐照、重复辐照等问题，因此还不适合长时间用于医用防护材料的灭菌。

图 7.8　广州华大生物科技有限公司辐照处理车间图
（图片来源：《科技日报》、华大生物官网）

7.2.4　存在的挑战

本次我国辐射加工行业企业对医用一次性防护服灭菌处理的快速应对，体现了相关工业、企业及管理部门的高效运转，也可以说是中国制造背后竞争力的一个小小缩影。由于辐照技术具有速度快、效率高、没有化学残留、穿透力强、无需后期处理等特点，将其应用于医用一次性防护服消毒灭菌是辐射加工行业对辐照灭菌种类的一个有益探索。不过，目前还只是一个临时性的应急措施，要将辐照技术转化为医用一次性防护服等医疗卫生用品的常态化灭菌方式，还面临若干问题与挑战，以下因素需要被进一步研究：

7.2.4.1 吸收剂量

《应急规范（临时）》选择无菌保证水平为 10^{-3}，如何提高到 10^{-6} 以下还需继续加强对各种防护服材料耐辐照程度的基础性研究，根据不同的材料特性确定所需辐照吸收剂量。

7.2.4.2 产品保质期

《应急规范（临时）》规定的产品保质期为一个月。如作为常规使用的灭菌方式，产品保质期还需根据吸收剂量、产品材料、保存条件等方面因素的影响进行评估。由于辐照后效应的存在，随着保存时间的延长，防护服的性能可能显著下降，需要深入开展分析研究工作。

7.2.4.3 个人防护用品

目前的防护口罩基本采用聚丙烯（PP）、聚乙烯（PE）非织造材料，其中的核心过滤层材料基本采用经过驻极处理的熔喷非织造材料为主，但是辐照会对其中的 PP、PE 材料造成一定的破坏，同时辐照造成驻极电荷量大大下降，影响防护口罩的过滤性能，因此防护口罩不能采用辐照灭菌技术。我国目前的医用防护服、隔离服材料多种多样，有纺黏覆膜非织造材料（SFS）、纺黏布、熔喷、纺黏复合非织造材料（SMS）等，一般可采用 20~50 kGy 的最大钴 60 辐照吸收剂量。针对目前相当一部分医用个人防护产品的材料耐辐照性能较差的问题，应该开展材料方面的一些联合攻关项目，推动耐辐照材料应用于医疗用品领域。

7.3 紫外线灭菌

7.3.1 紫外线的性质

紫外线是一种频率比可见光高的电磁波。紫外线灭菌采用的是 C 波段紫外线，因为此波段处在微生物吸收峰范围内，对于微生物核酸会引发光化学损伤，所以波长在 200~280 nm 的紫外线具有灭菌作用。目前，大多数污水处理厂使用的波长为 253.7 nm。

　　紫外线灭菌具有安全、操作方便、经济、无有害物质残留、对被灭菌物品损害较少等优点，能在几秒内杀灭各种微生物，包括细菌繁殖体、芽孢、分枝杆菌、病毒、真菌、立克次体和支原体等。但紫外线易伤害人体皮肤和眼睛，需要做好灭菌人员的防护措施。另外，紫外线的辐照能量低，穿透力弱，仅能杀灭直接照射到的微生物，灭菌时必须使需要灭菌的部位充分暴露于紫外线灯下。常用的紫外灭菌设备如图 7.9 所示。紫外线波长有一定的范围，并非所有的紫外线均可用于防护材料的灭菌。正确选择合适的灭菌波段，灭菌效果好。

（a）紫外线杀菌炉　　　　　　　　　　　（b）紫外线灭菌柜

7.9　紫外灭菌设备

（图片来源：互联网）

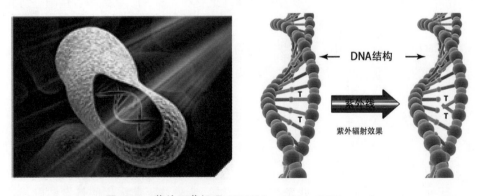

图 7.10　紫外灭菌机理（图片源自：The Web of LIT Company）

7.3.2 紫外线灭菌的机理

紫外线灭菌与常见的液氯、臭氧等化学灭菌不同。普通的化学物质通过破坏、损害细胞结构，干扰新陈代谢，阻碍生物合成，达到灭菌的目的；而紫外线对微生物的遗传物质（脱氧核糖核酸 DNA、核糖核酸 RNA）有破坏作用，使得微生物在吸收一定剂量的紫外线后，DNA 结构发生破坏，细胞失去活性，无法繁殖，细菌数量大幅度减少，从而达到灭活目的（图 7.10）。

7.3.3 影响紫外线灭菌的因素

影响紫外线灭菌效果的因素主要包括以下几个方面：

①紫外线强度：一般来说，紫外线强度在 1~200 mJ/cm^2 范围内，紫外线剂量–灭活率响应曲线遵循辐照强度与辐照时间可逆法则，即无论强度大小和辐照时间多少，固定的辐照剂量对应固定的灭活率。

②紫外线灯管的清洁程度：实验证明灯管上若有尘埃覆盖，由于紫外线的穿透力较弱，使得紫外线强度较低，从而影响灭菌效果。

③灭菌距离：理论上，紫外线灭菌的有效距离为 2 m 以内。一般来说，照射距离越近，灭菌效果越好。

④紫外光穿透率（UVT%）：紫外光穿透率通过紫外光在液体中的穿透深度测定。紫外光的穿透率随着水层厚度的增加而降低。实验中采用 254 nm 紫外线下 1 cm 石英比色皿测量紫外光穿透率。

⑤微生物的类型和数量：紫外线对细菌、病毒、真菌、芽孢等均有杀灭作用。一般情况下，革兰氏阴性杆菌最易被紫外线杀死，其次是葡萄球菌属、链球菌属和细菌芽孢，真菌孢子的抵抗力最强，病毒对紫外线的抵抗力比细菌芽孢低。为达到好的灭菌效果，对紫外线不敏感、耐受力强的微生物，必须采用较大的辐照剂量。

7.3.4 存在的挑战

紫外线灭菌技术在工程应用中也存在一定的缺点，主要有以下几个方面：

① 无持续灭菌能力：消毒后的产品如果遇到新的污染源，会再次被污染，需与其他灭菌技术配合使用。

② 细菌的复活现象：一些被紫外照射失活的病毒细菌可通过光的协助修复

自身被破坏的组织，达到复活目的。另外，一些细菌可能存在暗复活现象（无需光照）。

③ 紫外灯套管易结垢：紫外灯套管容易结垢，影响紫外光的透出和杀菌效果，因此需要对套管进行定期的清洗以及采取表面降温措施来防止管垢的形成。

④ 国内使用经验少：在国内，虽然工程上已经逐渐开始使用紫外线系统，但是对于紫外线灭菌技术的研究并没有完全开展起来，对于紫外线灭菌的应用也还存在较多问题。

由于防护服的主要使用原料聚丙烯对紫外光十分敏感，经过一定浓度的紫外光照射后易产生老化，从而影响其力学性能和服用性能。研究人员发现，聚丙烯纤维经长时间的能量为 69 MJ/m² 紫外光照射一段时间后，纤维外观发生严重的变化，产生了紫外老化现象（图 7.11），从而对聚丙烯非织造材料的力学性能产生了破坏，影响其后续的加工与使用。因此，对于以纺黏聚丙烯纤维为原料的防护材料，不适合用紫外线消毒。

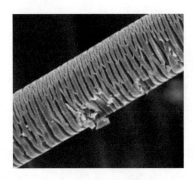 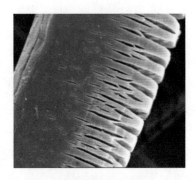

（a）放大1000倍　　　　　　　（b）放大2000倍

图 7.11　紫外线照射一段时间后聚丙烯纤维的扫描电镜图

（图片源自：Carneiro José Ricardo， Almeida Paulo Joaquim， Lopes Maria de Lurdes. Evaluation of the Resistance of a Polypropylene Geotextile Against Ultraviolet Radiation［J］. Microscopy & Microanalysis:1−7.）

目前，医用防护非织造材料主要有以上三种灭菌方法。由于钴 60 释放出的射线对聚合物分子可引起交联、双键的形成或降解，高剂量可使其失去机械强度，如会对口罩中间层的熔喷非织造材料和驻极性能有所破坏，影响其使用；此外，由于紫外线技术目前并不成熟，存在效能问题，同时，普通的聚丙烯材料在紫外线照射下力学性能大大减弱，严重降低该类非织造材料的力学性能。因此，目前我国对聚烯烃类的防护非织造材料主要使用环氧乙烷熏蒸灭菌法。

7.4 国内外个人防护用品灭菌指标的相关标准

目前，用于制造防护服、口罩等的非织造材料普遍采用环氧乙烷灭菌的方式，但是环氧乙烷残留量会对人体造成较大的危害，所以国内的一些一次性医用产品的标准对环氧乙烷残留量做了规定，如 GB 19082—2009《医用一次性防护服技术要求》、GB 19083—2010《医用防护口罩技术要求》、YY 0469—2011《医用外科口罩》、YY/T 0969—2013《一次性使用医用口罩》和 GB/T 32610—2016《日常防护型口罩技术规范》和 T/CNTAC 55—2020　T/CNITA 09104—2020《民用卫生口罩》中规定"环氧乙烷残留量应不超过 10μg/g"。在国外，国际标准化组织发布的 ISO 10993-7：1995《医疗器械的生物学评价 第 7 部分：环氧乙烷灭菌残留量》中，根据接触时间不同，分别对各种医疗用品中环氧乙烷的残留量进行了规定。具体要求如表 7.1 所示。

表 7.1　国内外常用医用材料环氧乙烷残留量的标准

国内外常用标准	环氧乙烷残留量要求
GB 19082—2009《医用一次性防护服技术要求》	≤ 10μg/g
GB 19083—2010《医用防护口罩技术要求》	≤ 10μg/g
YY 0469—2011《医用外科口罩》	≤ 10μg/g
YY/T 0969—2013《一次性使用医用口罩》	≤ 10μg/g
GB/T 32610—2016《日常防护型口罩技术规范》	≤ 10μg/g
T/CNTAC 55—2020　T/CNIAC 09104—2020《民用卫生口罩》	≤ 10μg/g
ISO 10993-7:1995《医疗器械的生物学评价 第 7 部分：环氧乙烷灭菌残留量》	持久接触器械：平均日剂量 ≤ 0.1 mg/d 长期接触器械：平均日剂量 ≤ 0.4 mg/d 短期接触器械：平均日剂量 ≤ 4 mg/d

目前，采用钴 60 辐照及紫外线灭菌的医用个人防护非织造材料的灭菌标准，我国尚没有相关的规定。由于此次疫情的暴发，为了缓解手术服等防护医用产品紧缺的局势，钴 60 辐照灭菌技术被应用于医用防护服等部分非织造医用个人防护产品的灭菌，国务院应对新冠肺炎疫情联防联控机制医疗物资保障组制定的

《应急规范（临时）》中规定无菌保证水平为 10^{-3}。

参考文献

［1］韩克勤，边瑞林 . 环氧乙烷混合杀菌气在消毒技术上的应用［J］. 动物检疫，1989（4）：10-13.

［2］蒋文强，邱光正，李关宾，等 . 比色法测定医用装置中环氧乙烷残留量的研究［J］. 药物分析杂志，1998（4）：270-273.

［3］Shintani H . Ethylene oxide gas sterilization of medical devices［J］. Biocontrol Science, 2017, 22（1）: 1.

［4］李文杰，张国棋 . 气相色谱法测定环氧乙烷的残留量［J］. 中国卫生工程学，2004, 3（2）：117-118.

［5］罗明生，高天惠，劳家华 . 现代临床药物大典［M］. 成都：四川科技出版社，2001.

［6］辐照加工应用范围［J］. 宜宾科技，2004（3）：2004（3）26-26.

［7］张艳 . 紫外消毒模型开发与设备优化研究［D］. 哈尔滨工业大学，2010.

［8］田琳琳，张天骄 . 纺织品消毒方法研究进展［J］. 成都纺织高等专科学校学报，2018（3）：143-148.

［9］涂瀛 . 钴 -60 丙种射线辐照消毒［J］. 消毒与灭菌，1985（4）：218-222.

［10］刘峰 . 医用消毒行业环氧乙烷的危害与治理［J］. 世界环境，2018（1）：68-69.

［11］邹从霞 . 环氧乙烷灭菌原理及影响灭菌效果的因素［J］. 计量与测试技术，2018, 45（8）：65-66.

［12］郭丽莉，吴国忠，秦子淇 . 辐照技术为武汉疫情提供快速高效的医用防护服灭菌服务［J］. 辐射研究与辐射工艺学报，2020, 38（1）：71-74.

［13］CHUNLEI W. Demands and policies for radiation sterilization of medical products in China［J］. Nuclear Techniques, 2005, 28（2）: 123-126.

［14］房小健 . 紫外线联合臭氧催化对室内空气动态消毒的研究［D］. 哈尔滨：哈尔滨工业大学，2013.

［15］赵琳 . 紫外与次氯酸钠消毒效果及影响因素研究［D］. 西安建筑科技大学，2014.

［16］陈磊，靳向煜 . 聚丙烯 SMMS 非织造防护布的光氧化降解研究［J］. 产业用纺织品，2005, 23（8）：23-26.

［17］CARNEIRO JOSÉ RICARDO, ALEIDA PAULO JOAQUIM, LOPES MARIA DE LUDRE. Evaluation of the resistance of a polypropylene geotextile against ultraviolet radiation［J］. Microscopy & Microanalysis: 2019, 25（1）: 196-202.

第八章 非织造个人防护用品
——性能检测

　　各类个人防护用口罩、医用防护服、即用型湿巾等个人防护用品的性能及其检测方法至关重要，它们与产品的使用质量息息相关。本章对用于面部防护、躯体防护、消毒防护的个人防护非织造材料的基础性能，以及个人防护用口罩、医用防护服、即用型湿巾等个人防护产品的应用性能展开详细介绍；并根据口罩、医用防护服、即用型湿巾的国内外相关标准，归纳各类产品的主要性能指标、检测方法及原理，以期为广大民众科学认知、选用非织造个人防护用品提供指导。

8.1 非织造个人防护材料基础性能检测

提到非织造防护材料基础性能检测，必不可少的是需要了解相关的防护产品检测标准：世界范围内的口罩标准主要有美国标准 NIOSH（*The National Institute for Occupational Safety and Health*）、*ASTM F 2100*（*Standard Specification for Performance of Materials Used in Medical Face Masks*）、欧盟标准 EN 149（*Respiratory Protective devices - Filtering Half Masks to Protect against Particles - Requirements，Testing，Marking*）、澳洲标准 AS 4381：2015（*Single-use Face Masks for Use in Health care*）、日本标准 JIS T 8151（*Particulate Respirators*）、韩国的 KF（*Korean Filter*）系列标准以及中国国标 GB/T 32610—2016《日常防护型口罩技术规范》。美国的 NIOSH 标准是认可度较高的劳动防护口罩标准；医用防护服标准除了我国的 GB 19082—2003《医用一次性防护服技术要求》、CNS 14798《抛弃式医用防护衣性能要求》，比较通用的有美国标准 NFPA 1999：2018（*Standard on Protective Clothing and Ensembles for Emergency Medical Operations*）、欧盟 EN 14126（*Protective clothing. Performance Requirements and Tests Methods for Protective Clothing against Infective Agents*）；防护用个人消毒非织造材料，如即用型湿巾等，主要有 GB 15979—2002《一次性使用卫生用品卫生标准》、WS 575—2017《卫生湿巾卫生要求》等检测标准。本节着重介绍上述标准所涉及的非织造个人防护材料的相关重要性能及相应指标。

8.1.1 力学性能测试

力学性能是体现口罩、防护服、即用型湿巾实用性能的一大关键指标，其中断裂强力、断裂伸长、撕破强力和耐磨性能是用来衡量非织造材料力学性能的常用参数。

8.1.1.1 断裂强力和断裂伸长率测试

非织造防护用品断裂强力和断裂伸长率的测试依据为 GB/T 24218.3—2010《纺织品 非织造布实验方法 GB/T 24218.3—2010《纺织品 非织造布实验方法 第 3 部分：断裂强力和断裂伸长率的测定（条样法）》，一般使用等速伸长（CRE）试验仪检测，如图 8.1 所示。测试原理是将规定尺寸的试样以恒定伸长速率拉伸至断脱，得到断裂强力及断裂伸长率。

测试时夹持长度为（200 ± 1）mm，当有任何一块试样的断裂伸长率大于 75%

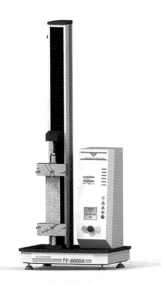

图 8.1　TY8000 等速伸长（CRE）试验仪（图片源自：江苏天源试验设备有限公司）

的时候，夹持长度改为（100±1）mm；上夹钳的牵引速度为 100 mm/min，预加张力为 2.00 N。按照 GB/T 3923.1—2013《纺织品 织物拉伸性能 第 1 部分：断裂强力和断裂伸长率的测定（条样法）》的要求，分别平行于经向、纬向各剪取 5 块试样（部分样品测试 3 块），试样尺寸为 330 mm×50 mm。在空气温度为 20 ℃、相对湿度为 65% 的条件下进行试验。开启仪器，等速拉伸直至断脱，记录断裂强力及断裂伸长率。若需要进行湿态试验，将试样置于每升含有 1 g 非离子型润湿剂的蒸馏水中至少浸泡 1 h，然后取出试样，去除过量水分，立即进行试验。

8.1.1.2　撕破强力测试

非织造防护用品撕裂强力的测试依据为 GB/T 3917.3—2009《织物撕裂性能 第 3 部分：梯形试样撕裂强力的测定》，一般使用强力试验机测试，如图 8.2 所示。测试原理是在试样上画一个梯形，用强力试验仪的铁钳夹住梯形上两条不平行的边，对试样施加连续增加的力，使撕破力沿试样宽度方向传播，测定平均最大撕破力。

按照 GB/T 3917.3—2009《纺织品 织物撕破性能 第 3 部分：梯形试样撕破强力的测定》标准的要求，在空气温度为 20 ℃、相对湿度为 65% 的条件下，从每件样品上平行于经向、纬向分别剪取 5 块试样，具体尺寸见图 8.3，用样板在试样上画等腰梯形，并在规定处剪一个切口，沿着不平行的两边将试样夹住，并使切口位于铁钳的中间。开启仪器，等速拉伸，记录一系列峰值的均值。

图 8.2　YT010 强力试验机（图片源自：温州百恩仪器有限公司）

单位：mm

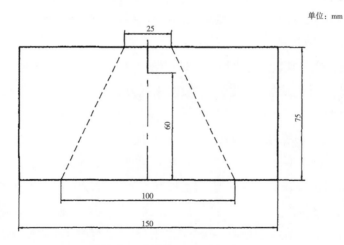

图 8.3　梯形试样样板（图片源自：GB/T 3917.3）

8.1.1.3 耐磨性测试

织物的磨损是其造成破坏的重要原因，虽然磨损对于非织造防护材料来说较为次要，但是在医护人员工作的时候，非织造材料会反复受到磨损，如膝部、肘部在屈曲状态下的曲磨，袖部、臀部在平面状态下的平磨。试验标准为 GB/T 21196（马丁代尔法织物耐磨性的测定），试验方法、仪器及制样一般按照表8.1。

表 8.1　耐磨性能测试方法比较

实验方法	实验仪器	制样
往复式平磨试验（图 8.4）	往复式平磨仪、砂纸（２８０＃、４００＃、500#、600#）	长 18 cm、宽 5 cm，经纬向各 5 块
圆盘式平磨试验（图 8.5）	圆盘式平磨仪	直径 125 mm，5 块
动态磨损试验（图 8.6）	动态耐磨仪	长 33 cm、宽 5 cm，对折烫平，经纬向各 5 块
折边磨试验	通用磨损性能仪	长 4 cm、宽 3 cm，对折烫平，经纬向各 3 块
曲磨试验	通用磨损性能仪	长 25 cm、宽 2.5 cm，两边各抽去边纱 0.25 cm，实际试验宽度为 2 cm，经纬向各 5 块

以往复式平磨、圆盘式平磨及动态磨损试验为例展开说明。

（1）往复式平磨

该仪器一般以砂纸或纱布作为磨料，如图 8.4 所示，将磨料装在磨料架上，将试样在一定张力下铺放于作往复运动的前后平台上，并由前后平台上的夹头夹紧，由于磨料架的自重，使磨料与织物试样接触而产生磨损，织物受磨损的次数由计数器显示。该仪器的特点是可分别测试试样经纬向的耐磨性，试验所需时间较短，试样所受磨损面积较大；其缺点是试验条件除砂纸号数可变外，其他条件不能改变，对各种织物的适用性较差。另外，磨屑易沉积在试样表面，需经常请扫，否则会影响试验结果。

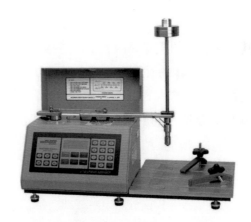

图 8.4　Taber5900 往复式平磨仪（图片源自：标准集团（香港）有限公司）

（2）圆盘式平磨

将试样固定在直径为 90 mm 的工作圆盘上，圆盘以 70 r/min 做等速回转运动。圆盘的上方有两个支架，两个支架上分别有两个砂轮磨盘在自己的轴上转动，如图 8.5 所示。试验时，工作圆盘上的试样与两个砂轮磨盘接触并做相对运动，使试样受到多方向的磨损，在试样上形成一个磨损圆环。磨盘对试样的压力可根据支架上的负荷加以调节，支架本身的重量为 250 g，仪器附有各种不同磨损强度的砂轮圆盘，并装有吸尘装置，用以自动清除试样表面的磨屑。圆盘式织物磨损仪的特点是仪器的稳定性较好，实验结果离散性小，还可以测试纱线的耐磨性能，缺点是没有自停装置且操作不方便。

图 8.5　YG522N 圆盘式平磨仪（图片源自：上海源琦检测仪器有限公司）

（3）动态磨损试验

测试前，试样需以一定的初张力（一般为 4.9~9.8 N，即 0.5~1.0 kgf）通过导轴，然后将试样两端固定在夹布器内。夹布器固定在往复板上，小车由往复板上的齿条带动，运动方向与往复底板相反，磨料砂纸装在磨料架上，磨料架以自重压向试样，磨料架上可以加放不同重量的重锤，以调节对试样的压力，如图 8.6 所示。当往复底板开始运动时，试样就随着导轴车上的运转而形成弯曲运动，同时又与砂纸进行摩擦，因此试样在实验过程中同时受到拉伸、弯曲、摩擦三个作用。当试样受磨损出现破洞时，小导轴上的凸钉与下铁轮接触，仪器即可自停。该仪器的特点是织物试样在拉伸、弯曲等运动中经受到摩擦，这可以有效模拟了肘部、膝部、臀部的非织造织物受力情况。

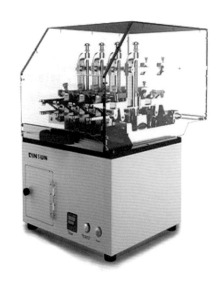

图 8.6　Oscillatory 磨损仪（图片源自：标准集团（香港）有限公司）

经由这些测试后，非织造材料的耐磨性能通常通过以下方法进行评定：

① 观察外观性能的变化：一般采用在相同的试验条件下，经过规定次数的磨损后，观察试样表面光泽、起毛、起球等外观效应的变化，通常与标准样品对照来评定其等级。

② 可以采用经过磨损后，用试样表面出现一定根数的纱线断裂，或试样表面出现一定大小的破洞所需要的摩擦次数，作为评定依据。

③ 测定物理性能的变化：将试样经过规定的磨损次数后，测定其重量、厚度、断裂强度等物理力学性能的变化，来比较织物的耐磨程度。按下式计算：

$$试样的重量减少率 = \frac{(G_0 - G_1)}{G_0} \times 100 \, (\%)$$

式中：G_0——磨损前试样总重量；

　　　G_1——磨损后试样的重量。

8.1.2 厚度测试

非织造布的厚度是指在承受规定的压力下布的两表面之间的距离，即测量放置非织造布的基准板和与其平行并对非织造布施加压力的压脚之间的距离。它是评定非织造布外观性能的主要指标之一。对于不同用途的非织造产品，其厚度指标往往有不同的要求和限制，这是因为非织造材料的厚度与其体积、重量、蓬松性、刚柔性、保暖性、耐磨性等有着密切的关系。非织造材料的厚度取决于纤维线密度、加工方式、密度及材料结构等因素。参照标准为 GB/T 24218.2—2009《纺织品 非织造布实验方法 第 2 部分：厚度的测定》与 GB/T 6529—2008《纺织品 调湿和试验用标准大气》。

这里引入一个定义：蓬松类非织造布（Bulky Nonwoven），是指当施加压强从 0.1 kPa 增加至 0.5 kPa 时，其厚度的变化率达到或超过 20% 的非织造布。

根据所测试的布样种类，对应不同的测试仪器。常规类非织造布（压缩率小于 20%）一般用 YG141 型织物测厚仪；对于蓬松类非织造布，根据其厚度是否大于 20 mm 而选用不同的仪器测试。将非织造布试样放置在水平基准板上，用与基准板平行的压脚对试样施加规定压力，将基准板与压脚之间的垂直距离作为试样厚度。测试之前需将待测样布取样与调湿，减少测试结果的误差。

对于不同种类的非织造布，其制样方式也有所不同：对于常规非织造布，裁剪 10 块试样，每块试样面积均大于 2500 mm²；对于最大厚度为 20 mm 的蓬松类非织造布，裁剪 10 块试样，每块试样面积均为（130 ± 5）mm ×（80 ± 5）mm；对于厚度大于 20 mm 的蓬松类非织造布，裁剪 10 块试样，每块试样面积为（200 ± 0.2）mm ×（200 ± 0.2）mm。

依据 GB/T 6529—2008《纺织品 调湿和试验用标准大气》的规定对试样进行调湿。有些非织造布调湿前可能需要预调湿，这是由于纺织纤维的吸湿、放湿过程有较大的滞后性，在同样大气条件下由放湿达到的平衡较由吸湿达到平衡时的平衡回潮率要高。为使样品达到相同的平衡回潮率，统一规定为吸湿方式，不选择放湿的方式是因为吸湿速率高于放湿速率，而且纺织品使用条件下的湿度通常低于标准大气条件，选择吸湿方式也更为合理。当样品在调湿前的实际回潮率接近或高于标准回潮率时，就必须预调湿，以确保调湿是以吸湿方式进行的。预调湿的条件为，将非织造材料放置于相对湿度为 10%~25%、温度不超过 50 ℃的空气条件下，使样品达到平衡回潮率；调湿：将样品置于标准大气环境下放置，直至达到平衡回潮率，其判断依据一般为样品的重量递变量不大于 0.25%。

①对于常规非织造布厚度测试，选用 YG141 型织物测厚仪，如图 8.7 所示。

图 8.7 YG141 型织物测厚仪（图片源自：常州市中纤检测仪器设备有限公司）

试验在标准大气下进行。使用 YG141 型织物测厚仪，调整压脚上的载荷达到 0.5 kPa 的均匀压强，并调节仪器示值为零。抬起压脚，在无张力状态下将试样放置在基准板上，确保试样对着压脚的中心位置。降低压脚直至接触试样，保持 10 s。调节仪器测量样品厚度，记录读数，单位为毫米（mm）。对其余 9 块试样重复以上步骤。

②对于最大厚度为 20 mm 的蓬松类非织造布，采用图 8.8 所示的设备测试。

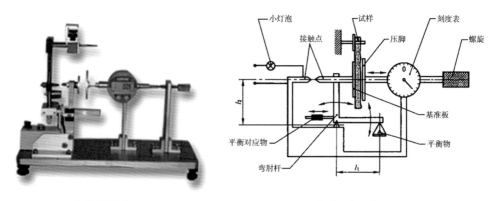

（a）测厚仪　　　　　　　　　　（b）原理图

图 8.8 最大厚度为 20 mm 的蓬松类非织造布测厚仪及其原理

（图片源自：标准集团（香港）有限公司）

　　该设备有两个等长的杆臂—肘杆，与基准板相连，当未放上平衡物时，可通过另一对应平衡物使弯肘杆在左侧施加一个很小的力，以达到平衡。弯肘杆的几何构造能使平衡物提供 0.02 kPa 的压强。当接触点闭合时，小灯泡发亮。当平衡物 [(2.05±0.05) g] 存在时，会使接触点分离，小灯泡熄灭。转动螺旋使压脚向左移动对试样施加压力，压力逐渐增大直至克服平衡物所产生的力使小灯泡发亮。刻度表显示基准板与压脚间的距离，即规定压力下的试样厚度，单位为毫米（mm）。

　　使用时，将（2.05±0.05）g 的平衡物放置好后，检查装置的灵敏度，并确定指针是否在零位。向右移动压脚，将试样固定在支架上，以使试样悬挂在基准板和压脚之间。转动螺旋，使压脚缓慢向左移动直至小灯发亮。10 s 后，在刻度表上读取厚度值，用毫米（mm）表示，精确至 0.1 mm。

　　③当待测样布为厚度大于 20 mm 的蓬松类无纺布时，采用图 8.9 所示的设备。

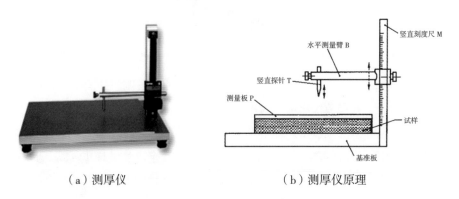

（a）测厚仪　　　　　　　　　　（b）测厚仪原理

图 8.9　厚度大于 20 mm 的蓬松类无纺布测厚仪及其原理
（图片源自：标准集团（香港）有限公司）

　　该设备有一水平方形基准板，表面光滑，面积为 300 mm×300 mm。在其一边的中心位置有垂直刻度尺 M，刻度为毫米（mm）。刻度尺上装有水平测量臂 B，可上下移动。水平测量臂上装有可调竖直探针 T，距离刻度尺为 100 mm。使用时，为使测量板不接触刻度尺，可调整垂直探针在测量板中心的上方。方形测量板 P，由玻璃制成，面积（200±0.2）mm×（200±0.2）mm，质量为（82±2）g，厚度为 0.7 mm。可以通过增加重物提供 0.02 kPa 的压强。注：如需增加额外的重物，宜使重物对称分布在测量板上，使测量板受力均匀。

　　使用时将测量板放在水平基板上，如果需要可调整探针高度，使其刚好接触到测量板中心时，刻度尺上的读数为零。对其余 9 块试样重复以上步骤。

8.1.3 面密度（克重）测试

非织造材料的面密度与其厚度、纤维的排列方式、纤维网的成型方式以及加工方式密切相关，一般来说，面密度越大的非织造材料，其厚度、强力都较大。依据标准 GB/T 24218.1—2009《纺织品 非织造布实验方法 第 1 部分：非织造布单位面积质量的测定》、GB/T 4669—2008《纺织品 机织物 单位长度质量和单位面积质量的测定》及 GB/T 6529—2008《纺织品 调湿和试验用标准大气》测定试样的面积及质量，并计算试样的单位面积质量，单位为克每平方米（g/m^2）。所采用的测试仪器主要有以下几种：①圆刀裁样器，如图 8.10 所示，裁剪的试样面积至少为 50 000 mm²；②方形模具：面积至少为 50 000 mm²（如 250 mm × 200 mm），并配有裁刀；③钢尺：分度值为 1 mm，并配有裁刀；④天平：误差范围在测量质量的 ± 0.1% 之间。

图 8.10　圆刀裁样器（图片源自：上海茂宏电子科技有限公司）

使用圆刀裁样器或使用方形模具和裁刀从样品上裁取至少 3 个试样，每个试样的面积至少为 50000 mm²。若提供的样品不足以裁取规定尺寸的试样，则尽可能裁取最大尺寸的矩形试样，用钢尺测量试样的面积。若要求得出变异系数，则试样个数至少为 5 个。依据 GB/T 6529—2008《纺织品 调湿和试验用标准大气》的规定对试样进行调湿。测量好重量后计算每个试样的单位面积质量，以及平均值，单位为克每平方米（g/m^2）。如果需要计算变异系数，以百分率表示。

8.2 非织造个人防护材料应用性能检测

防护口罩、医用防护服、即用型湿巾等个人防护产品的应用性能各有不同。防护口罩主要包括颗粒物过滤效率（PFE）、细菌过滤效率（BFE）、气流阻力、合成血液穿透性等重要应用性能，这些性能的检测指标影响着口罩的安全防护等级；医用防护服主要包括阻隔性能、透湿性能、抗静电性能等重要应用性能，阻隔性能包括拒水性能、拒酒精性能、拒合成血液穿透性能，加上抗静电性能简称三拒一抗，是防护服安全性和舒适性的主要性能；即用型湿巾的应用性能检测主要为微生物指标检测，这是关乎湿巾是否合格的一项重要性能检测。

8.2.1　防护口罩的重要应用性能测试

医用防护口罩的检测项目主要包括颗粒物过滤效率（PFE）、细菌过滤效率（BFE）、气流阻力、合成血液穿透性、表面抗湿性、微生物指标、环氧乙烷残留量、阻燃性能、密合性、生物学评价指标等。非医用防护口罩的检测项目主要包括颗粒物过滤效率（PFE）、防护效果、口罩带及口罩带与口罩体的连接处断裂强力、呼吸阻力、微生物、可燃性、皮肤刺激性等。本节将防护口罩几项主要的应用性能测试介绍如下。不同种类的口罩性能测试标准及相关性能指标比较见表8.2。

表 8.2　不同种类的口罩性能测试标准及部分性能指标比较

口罩类型	医用领域防护口罩			工业领域防护口罩	民用领域防护口罩	
	医用防护口罩	医用外科口罩	一次性医用口罩	工业防护口罩	日常防护口罩	民用卫生口罩
执行标准	GB 19083—2010	YY0469—2011	YY/T 0969—2013	GB 2626—2006	GB/T 32610—2016	T/CNTAC 55—2020 T/CNITA 09104—2020
颗粒物过滤效率-PFE	1 级 ≥ 95%　2 级 ≥ 99%　3 级 ≥ 99.97%	≥ 30%	—	KN90 ≥ 90.0%　KN95 ≥ 95.0%　KN100 ≥ 99.97%	Ⅰ级 ≥ 99%（盐、油）　Ⅱ级 ≥ 95%（盐、油）　Ⅲ级 ≥ 90%（盐、油）	≥ 90%
颗粒物类型	盐性气溶胶	盐性气溶胶	—	盐性气溶胶	盐性、油性气溶胶	盐性气溶胶
细菌过滤效率	—	≥ 95%	≥ 95%	—		≥ 95%
其他关键指标要求	气阻、血液穿透、抗湿、阻燃	细菌过滤效率、血液穿透	细菌过滤效率	吸气阻力、呼气阻力、泄漏率	防护效果、吸气阻力、呼气阻力	通气阻力，环氧乙烷残留量，染色牢度，阻燃性能

8.2.1.1 颗粒物过滤效率测试

无论是劳保口罩标准还是医疗卫生用口罩标准，过滤效率都是其最基础的性能，呼吸防护品过滤性能测试依据标准 GB 19083—2010《医用防护口罩技术要求》。

测试设备为 FYY 268 颗粒物过滤效率测试仪、TSI 8130 自动滤料仪，过滤效率测试设备及原理如图 8.11 所示。过滤效率的测试中常用两种计算粒子浓度的方法——计数法与计重法。口罩的过滤效率参数常用穿透率（E）表示，其计算公式如下：

计重法：$E_1 = \dfrac{M_1}{M_2} \times 100\%$

M_1：上游粒子的质量；

M_2：下游粒子的质量。

计数法：$E_2 = \dfrac{N_1}{N_2} \times 100\%$

N_1：上游粒子的数量；

N_2：下游粒子的数量。

穿透效率与过滤效率的转换关系：

过滤效率（P）：$P = 100\% - E$

表 8.3 所示为 5 个口罩的过滤效率与穿透效率。

表 8.3　口罩穿透效率与过滤效率关系

口罩编号	穿透效率（E）	过滤效率（P）
1	30%	70%
2	20%	80%
3	10%	90%
4	1%	99%
5	0.1%	99.9%

在过滤效率的测试中，气溶胶又分为油性颗粒与非油性颗粒两类。

（1）油性颗粒相关测试参数（KP 类过滤器）

① 邻苯二甲酸二辛酯（DOP）或其他适用油类（如石蜡油）颗粒物的浓度为 50~200 mg/m³，计数中位径（CMD）为（0.185 ± 0.020）μm，粒度分布的几

（a）FYY268颗粒物过滤效率测试仪

（b）TSI 8130自动滤料仪

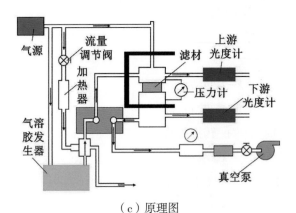

（c）原理图

图 8.11　过滤效率测试设备及原理图

何标准偏差不大于 1.60；

②颗粒物检测器的动态范围为 0.001~200 mg/m^3，精度为 1%；

③检测流量的范围为 30~100 L/min，精度为 2%；

④过滤效率检测范围为 0~99.999%。

（2）非油性颗粒相关测试参数（KN 类过滤器）

①氯化钠（NaCl）颗粒物的浓度为不超过 200 mg/m^3，计数中位径（CMD）为 0.075 ± 0.020 μm，粒度分布的几何标准偏差不大于 1.86；

②颗粒物检测器的动态范围为 0.001~200 mg/ms，精度为 1%；

③检测流量范围为 30~100 L/min，精度为 2%；

④过滤效率检测范围为 0~99.999%；

⑤应具有能将所发生颗粒物的荷电进行中和的装置。

测试前，将样品从原包装中取出，按下述条件预处理：

①首先在（38±2.5）℃和（85±5）%相对湿度环境中放置（24±1）h；

②其次在（70±3）℃干燥环境中放置（24±1）h；

③然后再置于（−30±3）℃环境中放置（24±1）h；

④最后使样品温度恢复至室温后至少4 h。

样品完成上述的预处理后才能进行检测。预处理中使用多步骤的高温、低温处理是为了检测样品的驻极性能是否稳固。

测试时，首先将过滤效率检测系统调整到检测状态，并调整相关测试参数。用适当的夹具或测试用胶水将随弃式面罩（若有呼气阀，应将呼气阀密封）或过滤元件气密连接在检测装置上，如图8.12。对于非油性颗粒（KN）类滤料，检测开始后，记录初始的过滤效率。检测应一直持续到过滤效率达到最低点为止，或持续到滤料上已经累积（200±5）mg的颗粒物为止。对油性颗粒（KP）类滤料，若当滤料上累积颗粒物的量达到（200±5）mg，且同时过滤效率出现了下降，检测应一直持续到过滤效率停止下降为止。应连续记录过滤效率结果。过滤性能测试的操作流程可扫描二维码观看视频⑤：TSI 8130过滤性能测试演示操作。

图 8.12　测试前将试样密合在测试原件上

表 8.4 过滤效率等级

过滤元件类别	氯化钠颗粒过滤效率 %	油类颗粒物过滤效率 %
KN90	≥ 90	不适用
KN95	≥ 95	
KN100	≥ 99.97	
KP90	不适用	≥ 90
KP95		≥ 95
KP100		≥ 99.97

　　此外，值得一提的是空气过滤器的效率随灰尘粒径而变化，在某一粒径点效率最低，即穿透率最大，此点称为最易穿透粒径（MPPS）。最易穿透粒径（MPPS）随过滤材料和过滤风速而变化。对高效（HEPA）和超高效（ULPA）空气过滤器而言，MPPS 一般在 0.1~0.25 μm，测试装置如图 8.13 所示。该设备系统由风机将洁净的空气和气溶胶（DEHS）在风管内进行混合输送到静压箱，又通过均流板形成更为均匀的混合气体，通过上游采样和稀释，由上游计数器检测上游气溶胶粒子浓度，下游计数器采用动态扫描的方法采集并计数通过过滤器后的气溶胶浓度，上下游采集到的计数值由处理器经过处理得出被测过滤器的效率，同时根据下游计数器采样探头对出风面的全面积逐点扫描的计数，比对局部穿透率来判断被测过滤器是否有漏点。设备可根据被测过滤器的出风面积，下游采样探头设有 2 个，同步进行扫描，大大缩短了检测时间。除了测试材料或产品的过滤效率这种直接的检测方法以外，还可以通过测试材料或产品的孔径，对比需过滤气体体系中颗粒物的粒径分布来间接判别该材料或产品的过滤性能。非织造材料孔径测试的操作流程可扫描二维码观看视频⑥：非织造材料孔径测试演示操作。

图 8.13　多粒子 MPPS 测试台（图片源自：上海哈克过滤科技股份有限公司）

图 8.14　空气过滤器性能（风动）检测台（图片源自：上海哈克过滤科技股份有限公司）

图 8.14 所示的空气过滤器性能（风动）检测台可对空气过滤器的风阻、过滤效率、容尘量、寿命可靠性等性能进行综合性测试。整个系统在超正压的条件下进行操作，将被测空气过滤器插入测试管道，含粉尘或气溶胶的空气被带入其中，通过流量测试单元。气溶胶发生器和上游的粒子计数器安装在被测过滤器夹具前，过滤器被钳在夹具面板上。在被测过滤器下游，连接粒子计数器的采样探针来回在过滤器表面进行移动，所有的测试系统均连接到电器板和 PC 机上，通过测试即可得到压差和效率，进而可对过滤器进行分级。

此外，一款优良的过滤材料应具备较高的过滤效率和较低的过滤阻力，但两者往往又是相互制约的存在，为了综合衡量一款过滤材料的性能，研究人员提出了品质因数（QF）的概念，即在一个公式里同时包括过滤效率和过滤阻力：

$$QF = -\frac{\ln(1-\eta)}{\Delta p}$$

其中，QF 为品质因数，单位是 Pa^{-1}，η 和 Δp 分别代表过滤效率和过滤阻力。此公式可以清晰地表达出，要达到较高的 QF 值，需要较大的过滤效率和/或较低的过滤阻力。品质因数可以比较使用不同纤维材料和采用不同工艺技术制备的不同过滤器，其值越高代表过滤器在给定的风速和气溶胶粒径的情况下，过滤性能越好。

8.2.1.2 过滤阻力测试

图 8.15　FYY268 颗粒物过滤效率测试仪（图片源自：温州方圆仪器）

对于口罩，除了最基础的过滤效率之外，还有一项重要的性能参数——过滤阻力。过滤阻力与口罩佩戴时的舒适性、透气性休戚相关，而过滤效率高的口罩，其过滤阻力往往也较高，这是由于过滤效率高的口罩，其过滤层的纤维细度小，纤维排列密度高，孔隙率小。图 8.15 所示的 FYY268 颗粒物过滤效率测试仪，可模拟佩戴口罩时的呼吸阻力情况。

值得一提的是，测试样品过滤阻力时，要注意吸入和吸出都要测量。GB 2626—

2019《呼吸防护　自吸过滤式防颗粒物呼吸器》中对 PM2.5 民用防护口罩的过滤
阻力做了如下要求：要求每个样品的总吸气阻力不得大于 350 Pa，总呼气阻力不
大于 250 Pa。YY 0469—2011《医用外科口罩》中对医用外科口罩的过滤阻力要
求是口罩两侧面进行空气交换的压力差应不大于 49 Pa。有些测试仪器还能在线
对每个样品同时测试空气过滤阻力与过滤效率，如图 8.16 所示。

图 8.16　在线测试台（图片源自：上海哈克过滤科技股份有限公司）

8.2.1.3　细菌过滤效率（BFE）

细菌的过滤效率测试只有对医用外科口罩以及一次性医用口罩明确要求，口
罩的细菌（粒径 0.5~5 μm）过滤效率不小于 95%。细菌的过滤效率是指在规定
条件下，口罩罩体滤除含菌颗粒物的能力，常用百分数表示。测试只有对医用外
科口罩以及一次性医用口罩有明确要求，具体要求为：口罩的针对细菌（粒径
0.5~5 μm）过滤效率不小于 95%。测试仪器如图 8.17 所示，此仪器专用微生物
气溶胶发生器菌液喷雾流量大小可设定，且雾化效果好，适用于对口罩进行细菌
过滤效率测试。

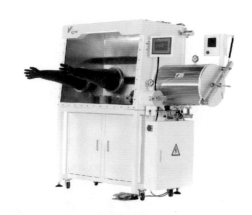

图 8.17　细菌过滤效率检测仪（图片源自：仪器信息网）

　　医用非无菌口罩的微生物指标主要包括不得检测出大肠埃希氏菌、绿脓杆菌、金黄色葡萄球菌、溶血性链球菌和真菌，对于医用非无菌口罩需达到细菌菌落总数要小于 100 菌落个数 /g 的要求，具体见表 8.5。

表 8.5　医用非无菌口罩的微生物指标

菌落总数 菌落个数 /g	大肠杆菌	绿脓杆菌	金黄色葡萄球菌	溶血性链球菌	真菌	细菌菌落总数 菌落个数 /g
≤ 100	不得检出	不得检出	不得检出	不得检出	不得检出	≤ 100

　　包装上带有"灭菌"或"无菌"字样或图示的口罩应无菌。

8.2.1.4　血液穿透性能

　　作为医用防护材料，不可避免地要接触到病人的血液。为了保障医护工作人员的工作安全性，医用防护材料的血液穿透性能是极其重要的一项检测。

　　图 8.18 所示的 FYY182 医用口罩合成血液穿透试验仪用于检测医用口罩在规定试验条件下对合成血液穿透的抵抗能力。GB/T 19083—2010《医用防护口罩技术要求》中对口罩血液穿透性能的具体要求为：2 mL 合成血液以 10.7 kPa（80 mmHg）压力喷向口罩口内测不应出现渗透。YY 0469—2011《医用外科口罩》中对口罩的血液穿透性能要求为：2 mL 合成血液以 16 kPa（120 mmHg）压力喷向口罩外侧面后，内测面不应出现渗透。

图 8.18 FYY182 医用口罩合成血液穿透试验仪（图片源自：温州方圆仪器）

8.2.1.5 透湿性能

透湿性是衡量非织造产品生理穿着舒适性的一个重要指标。透湿分为两种，一种为水汽的传递，即水的气相传递：在湿度梯度下水蒸汽从高湿空气透过非织造材料向低湿空气扩散。另外一种是液滴的传递，即水的液相传递：纤维的吸水和纤维间毛细管的芯吸作用。实际上，在水透过织物的过程中，还伴随着热量的传递。GB 19083—2010《医用防护口罩技术要求》中规定口罩外表沾水等级不得低于 GB/T 4745—1997《纺织品 防水性能的检测和评价》中的 3 级规定。

图 8.19 所示的 FYY813 口罩表面透湿性试验仪用于各种口罩表面透湿性试验。

图 8.19 FYY813 口罩表面透湿性试验仪（图片源自：温州方圆仪器）

8.2.1.6 口罩耳带与口罩连接点强力测试

为了保证我们长时间佩戴口罩的舒适性，耳带强力不得太大，但是为了口罩的密封性和安全性，其耳带强力又不能过小。表 8.6 列举了不同标准下对口罩耳带焊接点强力的要求。

表 8.6 不同标准下口罩耳带与口罩连接点的强力要求

标准	口罩耳带与口罩连接点的强力要求
YY 0469—2011《医用外科口罩》	≥ 10 N
YY/T 0969—2013《一次性使用医用口罩》	≥ 10 N
GB T 32610—2016《日常防护型口罩》	≥ 20 N
T/CNTAC 55—2020 T/CNITA 09104—2020《民用卫生口罩》	≥ 5 N

采用图 8.20 所示的口罩耳带强力测试机测试，先随机抽取 5 个口罩样品。依据 GB/T 13773.2—2008《纺织品 织物及其制品的接缝拉伸性能》标准规定执行，强力机拉伸速度设置为 100 mm/min，测试钩安装在织物强力机的上夹钳，测试时口罩带垂直悬挂在测试钩上，口罩主体沿轴向夹在下夹钳中间，松式夹持。

测试钩为钢质材料制成，宽度为（10±0.1）mm，且厚度为（2±0.1）mm，一端弯曲呈直角钩状，弯钩部分长度至少（12±0.1）mm，钩的边缘应方便安装在织物强力机的夹钳中。

图 8.20 口罩耳带强力测试机（图片源自：东莞思泰仪器有限公司）

8.2.1.7 其他性能测试

防护口罩和医用口罩除了上述测试外，还有一些其他测试，如甲醛含量测试（仪器如图 8.21）、阻燃性能测试（仪器如图 8.22）、颗粒物防护性能效果测试

（仪器如图 8.23）等。

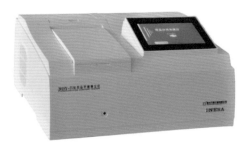

图 8.21　201SY-III 纺织品甲醛测定仪（图片源自：温州方圆仪器）

图 8.22　FYY610 口罩阻燃性能试验仪（图片源自温州方圆仪器）

图 8.23　FYY269 颗粒物防护效果测试仪（图片源自温州方圆仪器）

8.2.2 医用防护服的重要应用性能测试

医用防护服，是为医务人员在工作时接触具有潜在感染性的患者血液、体液、分泌物、空气中的颗粒物等提供阻隔、防护作用的专业服装。可以说"阻隔功能"是医用防护服的关键指标体系，比如阻水性、抗合成血液穿透性、拒酒精能力、抗静电性能、过滤效果（对非油性颗粒的阻隔）、耐静水压性能等。透湿性则是医用防护服穿着舒适性的关键指标。

8.2.2.1 阻隔性能测试

材料的阻隔性，即材料针对特定渗透对象由其一侧渗透到达另一侧的阻隔性能。常见渗透对象包括常见气体、水蒸气、液体、有机物等。医用防护服使用时常常处于一个对人体有危害的环境，因此阻隔性能是其最基础的性能指标之一。

（1）阻水性能测试

国内医用防护服阻水性能的测试依据为 YY/T 1632—2018《医用防护服材料的阻水性冲击穿透测试方法》。测试原理：将一定体积的水喷淋到试样表面，通过称量试样下面吸水纸喷淋前后质量的变化来评定试样的阻水性。实验仪器：冲击渗水性测试仪。按照标准的要求，需至少 3 块 330 mm × 17 mm 的测试试样，测试前需将其在温度（21 ± 1）℃，相对湿度（65 ± 2）% 的标准环境下调湿至少 4 h。测定结果为吸水纸试验前后质量的增加值，以克（g）为单位。

图 8.24 所示的 YG812DB 阻水性测定仪用于医用防护服、紧密织物，如帆布、油布、苫布、帐篷布、防雨服装布等的阻水性能测定。

图 8.24　YG812DB 阻水性能测定仪
（图片源自温州方圆仪器）

（2）抗合成血液穿透性能测试

作为医用防护材料，不可避免地要接触到病人的血液。其抗合成血液穿透性不低于 2 级，即合成血液以 1.75 kPa 的压强作用于防护服上，5 min 后不得穿透。非织造防护用品拒血液性能的测试依据 YY/T 0700—2008《血液和体液防护装备防护服材料抗血液和体液穿透性能测试 – 合成血试验方法》。

图 8.25 所示的 FYY181 医用防护服抗合成血液穿透性试验仪用于检测医用防护服在规定试验条件下对合成血液穿透的抵抗能力。

图 8.25　FYY181 医用防护服抗合成血液穿透性试验仪
（图片源自温州方圆仪器）

（3）拒酒精性能测试

非织造防护用品拒酒精性能的测试依据美国非织造协会（INDA）的 NWSP080.6.R0.15 标准。测量时采用量筒、烧杯、滴管。将乙醇与蒸馏水按照不同比例混合，配置不同表面张力的水性溶液（酒精浓度包括从 0 到 100% 的 11 个等级，见表 8.7）。将酒精溶液用滴管从低级到高级滴到试样表面，30s 后观察渗透情况。在 30s 内，如果试样表面没有发生润湿现象算通过。级别越高，则试液的表面张力越小，说明材料的耐酒精渗透性能越好。

表 8.7　拒酒精性能测试标准体系［温度（20±2）℃、相对湿度 65%］

水 / 乙醇	10/0	9/1	8/2	7/3	6/4	5/5	4/6	3/7	2/8	1/9	0/10
拒酒精级别	0	1	2	3	4	5	6	7	8	9	10

（4）阻隔病菌性能测试

有许多例证说明，在湿态下液体可携带细菌向屏障材料迁移并透过屏障材料，例如皮肤菌群对覆盖材料的湿态穿透。医护人员在穿着防护服时也无法避免这一现象，所以防护服的阻隔细菌性能是一项十分重要的性能测试。

标准 YY/T 0689—2008《血液和体液防护装备 防护服材料抗血液传播病原体穿透性能测试 Phi-X174 噬菌体试验方法》描述了防护服材料抗代表性病毒穿透能力的流体静力学压力测试方法，其测试原理是将样品置于 YY/T 0699—2008《液态化学品防护装备 防护服材料抗加压液体穿透性能测试方法》规定的测试装置穿透试样槽上，加入试验悬浮液，按规定时间和压力进行试验，即使在看不见液体穿透的情况下，仍然能检测到穿过材料的或病毒。

图 8.26 所示 FY708 阻湿态微生物穿透试验仪用于测定医疗手术单、手术衣和洁净服等产品在经受机械摩擦时阻止液体中的细菌穿透的性能（经受机械摩擦时对液体携带细菌穿透的屏蔽性能）。

图 8.26　FY708 阻湿态微生物穿透试验仪
（图片源自温州方圆仪器）

8.2.2.2 透湿性测试

透湿性表征防护服对水蒸气的渗透能力，是评价防护服疏导人体散发的汗液蒸气的能力。防护服的透湿量越大，憋闷、汗液难排的问题就能得到大大缓解，医护人员穿着更舒适。国标 GB 19082—2009《医用一次性防护服技术要求》规定了医用一次性防护服材料透湿量的要求：不小于 2500 g/（m² · 24 h），同时参照 GB/T 12704—2009《纺织品 织物透湿性试验方法》进行测试。图 8.27 所示的

YG501D 透湿试验仪用于医用防护服、各种涂层织物、复合面料、复合膜等材料的透湿量测定。

图 8.27　YG501D 透湿试验仪（图片源自温州方圆仪器）

8.2.2.3 抗静电性能测试

医用防护服抗静电性能的测试依据 GB 19082—2009《医用一次性防护服技术要求》中的静电衰减性能及 YY/T 0867—2011《非织造布静电衰减时间的测试方法》。防护服的带电量应不大于 0.6 μC。图 8.28 所示的 YG342 静电衰减性测试仪用于测试医用防护服材料和无纺布在施加 ±5000 V 电压作用后停止充电，接地时材料能够消除诱导到材料表面的电荷的能力，即测定由峰值电压衰减到 10% 的静电衰减时间。

图 8.28　YG342 静电衰减性测试仪（图片源自温州方圆仪器）

8.2.2.4 耐静水压测试

静水压是指水通过织物时所遇到的阻力，在标准大气压条件下，织物承受持续上升的水压，直到织物背面渗出水珠为止，此时测得的水的压力值即为静水压。静水压越大，防水性或抗渗漏性越好。针对于不同的织物材料会有不同的测试方法。医用防护服的耐静水压测试依据标准 GB 19082—2009《医用一次性防护服技术要求》。防护服关键部位（左右前襟、左右臂及背部位置）可耐静水压不低于1.67 kPa。图 8.29 所示的耐静水压测试仪适用于防水织物的透水性能测试、户外运动服装的防水性能测试及医用防护服材料的耐静水压测试。测试时试样被固定在标准规定面积的测试区域上，通过空压机将空气加入一个充满蒸馏水的水罐中，水罐连结测试头，将一定的压力传递给试样，压力曲线实时显示在操作屏幕上。

图 8.29 耐静水压测试仪（图片源自：上海泛标纺织品检测技术有限公司）

8.2.3 即用型湿巾的重要应用性能测试

对于即用型湿巾，国家卫健委按照"第三类消毒产品"监管，上市销售之前，需要满足 GB 15979—2002《一次性使用卫生用品卫生标准》以及 WS 575—2017《卫生湿巾卫生要求》；即用型湿巾主要包括普通湿巾、卫生湿巾、消毒湿巾、酒精棉片等。其中，消毒湿巾目前没有配套的法律法规，一般多参考卫生用品、湿巾、医疗机构相关消毒管理规范来进行相关上市材料的准备；卫生湿巾、消毒湿巾的区别如表 8.8 所示，在非织造布、织物、木浆复合布、木浆纸等载体上适量添加生产用水和消毒液等配制的原液形成了卫生湿巾。卫生湿巾对手、皮肤、黏膜及普通物体表面等具有清洁杀菌作用。而消毒湿巾是在非织造布、织物、无尘纸或其他原料载体上，适量添加消毒剂和生产用水等配制而成的原液，制成的具有清洁和消毒作用的产品，适用于人体、一般物体表面、医疗器械表面及其他物体表面。GB 15979—2002《一次性使用卫生用品卫生标准》给出的部分指标如表 8.9 所示。

表 8.8　卫生湿巾与消毒湿巾的区别

类别	添加物及功能	适用范围	监管现状	备注
卫生湿巾	添加生产用水和消毒液等，具有清洁杀菌作用	手 / 皮肤 / 黏膜 / 普通物表面	国家卫健委按照"第三类消毒产品"来监管	自身微生物不超标外还需对污染物表面微生物有 90% 以上的杀菌效果
消毒湿巾	添加纯化水与适量消毒剂等，具有清洁与消毒杀用	人体、一般物体表面、医疗器械表面及其他	尚未纳入消毒产品监管	在医院使用时需达到同等级别消毒剂消毒效果

表 8.9　GB 15979—2002《一次性使用卫生用品卫生标准》的部分指标

微生物指标				
初始污染菌	细菌菌落总数 / 菌落个数 /g	大肠菌群 / 菌落个数 /g	致病性化脓菌	真菌菌落总数 / 菌落个数 /g
—	≤ 20	不得检查出	不得检查出	不得检查出

此外，卫生湿巾对大肠杆菌和金黄色葡萄球菌的杀灭率须 ≥ 90%。如需标明对真菌的作用，还须对白色念珠菌的杀灭率 ≥ 90%，其杀菌作用在室温下至少须保持 1 年。

8.2.3.1 毒理学测试

皮肤刺激试验和皮肤变态试验：以横断方式剪一块斑贴大小的产品。对于干的产品，如尿布、妇女经期卫生用品，用生理盐水润湿后贴到皮肤上，再用斑贴纸覆盖。湿的产品，如湿巾，则可以按要求裁剪合适的面积，直接贴到皮肤上，再用斑贴纸覆盖。

8.2.3.2 微生物检测

于同一批号的三个运输包装中至少抽取 12 个最小销售包装样品，1/4 样品用于检测，1/4 样品用于留样，另 1/2 样品（可就地封存）必要时用于复检。抽样的最小销售包装不应有破裂，检验前不得启开。

在 100 级净化条件下用无菌方法打开用于检测的至少 3 个包装，从每个包装中取样，准确称取 10 g±1 g 样品。剪碎后加人到 200 mL 灭菌生理盐水中，充分混匀，得到一个生理盐水样液。液体产品用原液直接做样液。

如被检样品含有大量吸水树脂材料而导致不能吸出足够样液时，稀释液量可按每次 50 mL 递增，直至能吸出足够测试用样液。在计算细菌菌落总数与真菌菌落总数时相应调整稀释度。主要测试项目：细菌菌落总数与初试污染菌检测、大肠菌群检测、绿脓杆菌检测、金黄色葡萄球菌检测、溶血性链球菌检测、真菌菌落总数检测、真菌定性检测。

8.2.4 防护非织造材料及产品的质量认证

除了根据各级标准进行的专业性能检测，当防护产品如口罩、防护服等出口时还需根据出口要求进行产品质量认证。产品质量认证包括合格认证和安全认证两种。合格认证是依据商品标准的要求，对商品的全部性能进行的综合性质量认证，一般属于自愿性认证；凡根据安全标准进行认证或只对商品标准中有关安全的项目进行认证的，称为安全认证。它是对商品在生产、储运、使用过程中是否具备保证人身安全与避免环境遭受危害等基本性能的认证，属于强制性认证。如输美产品的 UL 认证、输欧产品的 CE 认证等均属安全认证。

国际上常见的安全认证包括 CCC 认证，CE 认证，FCC 认证，CAS 认证，TUV 认证，UL 认证，GS 认证，MET 认证等。口罩和医用防护服属于医疗器械，如要出口到欧盟地区，需要通过 CE 认证；如要出口到美国，则需要通过 FDA 认证。

CE 认证（European Conformity）是一种安全认证，是对产品的安全性进行认证的一种标志。在欧盟市场上流动的产品均需要贴加 CE 标志。CE 认证涵盖的产品包括: IT 类、音视频类、大家电、小家电、灯具、工医科、机械、仪器和 USP 电源类。

FDA 是美国食品和药物管理局（Food and Drug Administration）的简称。FDA 是美国政府在健康与人类服务部（DHHS）和公共卫生部（PHS）中设立的执行机构之一。在国际上，FDA 被公认为是世界上最大的食品与药物管理机构之一。其它许多国家都通过寻求和接收 FDA 的帮助来促进并监控该国产品的安全。FDA 主管：食品、药品（包括兽药）、医疗器械、食品添加剂、化妆品、动物食品及药品、酒精含量低于 7% 的葡萄酒饮料以及电子产品的监督检验；也包括化妆品、有辐射的产品、组合产品等与人身健康安全有关的电子产品和医疗产品。

除以上所介绍的检测外，我们还能通过口罩、医用防护服、即用型湿巾产品外包装信息进行产品的初步识别。

（1）防护口罩

防护口罩外包装上的信息对于初步识别口罩有很大帮助。例如，正规的平面医用口罩，其外包装上会标注产品的生产许可证号、这是因为医用口罩作为医疗器械，企业必须获得生产许可证号才可生产，而该号可在国家药品监督管理局的网站来查证。另外，生产厂家的品牌也可作为挑选口罩的重要参考，部分知名品牌，如 3M 公司的 N95 口罩提供真伪查验服务，可通过扫描包装上的二维码等方式进行查验。图 8.30 所示为口罩的外包装。

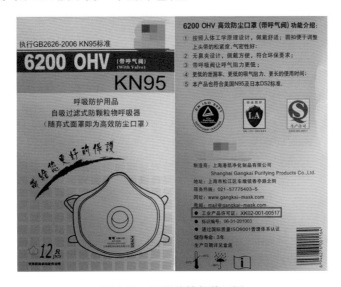

图 8.30　口罩外的包装示例

（2）医用防护服

医用防护服外包装上的产品认证信息对于初步辨别防护服有很大帮助，如图 8.31 中的认证信息。此外，防护服的生产都需要通过专业的检测，必要时可向商家索取防护服产品的检测报告。

（3）即用型湿巾

即用型湿巾，如主要包括的消毒湿巾和酒精棉片，这类产品可以通过外包装上的信息进行初步辨别，其外包装上需标明卫生许可证号。消毒湿巾和酒精棉片属于消字号产品，生产厂商需要有消毒产品生产企业卫生许可证才能进行生产。同时需要注意外包装上酒精浓度的标识，只有 75% 的酒精才能达到有效的消毒作用。另外，部分产品也会有防伪标识，可通过官网进行验证。

参考文献

［1］GB/T 3923.1—2013. 纺织品 织物拉伸性能 第 1 部分：断裂强力和断裂伸长率的测定（条样法）［S］. 北京：中国标准出版社，2013.

［2］GB/T 3917.3—2009. 纺织品 织物撕破性能 第 3 部分：梯形试样撕破强力的测定［S］. 北京：中国标准出版社，2019.

［3］GB/T 21196.1—2007. 纺织品 马丁代尔法织物耐磨性的测定 第 1 部分：马丁代尔耐磨实验仪［S］. 北京：中国标准出版社，2007.

［4］GB/T 24218—2010. 纺织品 非织造布试验方法［S］. 北京：中国标准出版社，2010.

［5］GB/T 6529—2008. 纺织品 调湿和试验用标准大气［S］. 北京：中国标准出版社，2008.

［6］GB 19082—2009. 医用一次性防护服技术要求［S］. 北京：中国标准出版社，2009.

［7］YY/T 1632—2018. 医用防护服的阻水性：冲击穿透试验方法［S］.

［8］YY/T 0700—2008. 血液和体液防护装备 防护服材料抗血液和体液穿透性能测试 合成血试验方法［S］.

［9］YY/T 0689—2008. 血液和体液防护装备 防护服材料抗血液传播病原体穿透性能测试 Phi—X174 噬菌体实验方法［S］.

［10］GB/T 12704—2009. 纺织品 织物透湿性试验方法［S］. 北京：中国标准出版社，2009.

［11］WS 575—2017. 卫生湿巾卫生要求［S］.

［12］GB 15979—2002. 一次性使用卫生用品卫生标准［S］. 北京：中国标准出版社，2002.

［13］YY/T 0699—2008. 液态化学品防护装备 防护服材料抗加压液体穿透性能测试方法［S］.

［14］YY/T 0506.6—2009. 病人、医护人员和器械用手术单、手术衣和洁净服 第 6 部分：阻湿态微生物穿透试验方法［S］.

［15］GB/T 4745—1997. 纺织品 防水性能的检测和评价 沾水法［S］. 北京：中国标准出版社，1997.

第九章 展　望

　　从个人防护非织造材料角度出发，未来仍有多方面的发展瓶颈问题，有待研发人员携手突破。防护口罩材料及防护服装材料的功能化、舒适化、智能化、高质低成本化是未来发展趋势，多样化、高效化的表面清洁杀菌材料与其在日常与医疗场合的应用也亟待讨论。本章针对非织造个人防护材料，总结归纳了该类材料及产品的发展趋势。

9.1 防护口罩发展趋势

随着国家公共卫生应急管理体系的进一步健全，人们健康意识、安全意识的逐渐增强，民众对口罩过滤效率、呼吸阻力和舒适性的要求将越来越高。现阶段，需要提升现口罩用材料的综合性能，如解决呼吸阻力大、密合性与舒适性不够等问题，降低泄露风险，提高安全性。口罩用非织造滤料及其制备技术未来的主要发展方向有以下几个方面：

9.1.1 防护口罩制备技术发展趋势

聚合物改性方面：防护口罩用非织造滤料的驻极效果与原料改性和驻极技术密切相关，要继续优化增能助剂与聚丙烯切片改性技术，进一步提高纤维的结晶度，减小晶粒尺寸，增加驻极电荷存储量，延缓电荷衰退。

成型技术方面：对于针刺非织造滤料，需要突破聚四氟乙烯纤维的高速成网技术，改进刺针结构，提高对扁平纤维的针刺效率；对于熔喷非织造滤料，需要突破纤维纳米化、粗细纤维混纺技术，保证高滤效的同时，降低过滤阻力。

驻极处理技术方面：研发水驻极与电晕驻极组合技术及装备，解决滤料电荷存储量偏低、电荷在滤料厚度方向分布不均匀等问题；提高滤料单位纤维电荷存储量，增强滤料过滤性能；研究电荷在湿、热等极端环境中的逃逸机制，提升电荷稳定性，延缓电荷衰退，提高防护口罩的重复使用率。

完善评价标准体系方面：在现有标准体系基础上，建立在不同应用环境下防护口罩电荷存储量的检测方法，依据不同制备方法，对防护口罩用过滤材料进行分类分级；形成各类防护口罩滤料标准与最终防护口罩标准的衔接，有利于我国个体防护用核心滤料制造技术的整体进步。

此外，依据特定使用环境的需求，研制正压式送风头罩，解决医护人员在长时间救治过程中存在的防护等级不够、面部压疮严重、生理负荷大等问题，更好地满足国家对防控的需求。

9.1.2 防护口罩功能化发展趋势

9.1.21 杀菌型防护口罩用非织造材料

目前防护口罩用非织造材料外层主要用拒水处理的纺黏非织造材料，可起到拒液功能。医用防护口罩，包括医用普通口罩和医用外科口罩因经过"三拒一

"抗"整理，能达到拒血液、拒酒精、拒水、抗静电的效果，同时医用类口罩按照行业标准需经过灭菌环节，因此在短时间的使用过程中不易滋生细菌。然而，面对呼吸道或传染性的疾病，仅仅达到短时间的抑菌是远远不够的。如何使得防护非织造材料本身可杀灭细菌，提高口罩材料的防护安全等级，是未来发展方向之一。

9.1.2.2 双效防护口罩用非织造材料

除了良好的过滤效率、低呼吸阻力，口罩的双效功能化过滤使防护口罩更具竞争优势，例如除臭/过滤、除二噁英、防有机气体/过滤、防毒/过滤等。

以含有活性炭纤维的防护口罩为例。如图 9.1 所示，该口罩由外至内可分别为拒水纺粘非织造材料、静电针刺非织造材料、活性炭纤维材料、驻极熔喷非织造材料和亲肤热风非织造材料五层复合而成。不同结构层次的活性炭纤维材料与熔喷非织造材料的协同复合效应，有待进一步研究。

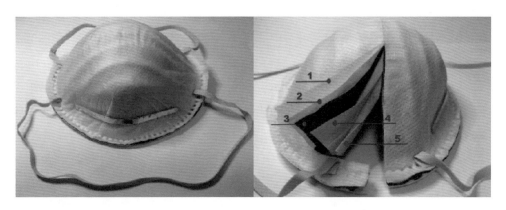

1-拒水纺粘非织造材料层；2-静电针刺非织造材料层；3-活性炭纤维材料层；

4-驻极熔喷非织造材料层；5-亲肤热风非织造材料

图 9.1 双效活性炭防护口罩外观（左）与内部结构图（右）

东华大学非织造团队提出在线掺入技术，通过将 TiO_2/Ag 纳米颗粒在线掺入具有纺黏/熔喷（SM）分级结构的复合非织造布中，制备出对气溶胶具有高过滤效率，对甲苯和细菌具有良好降解性能的多功能空气过滤器，如图 9.2 所示。研究结果显示，复合滤材的综合空气过滤性能较好，并对大肠杆菌和金黄色葡萄球菌的抑菌率高达 99.07% 和 99.27%。

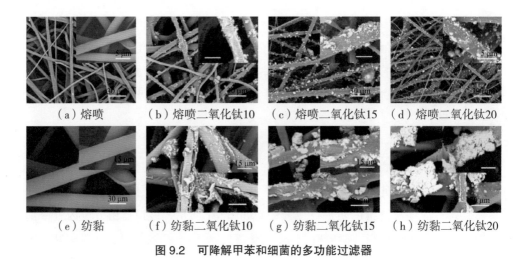

（a）熔喷　　　（b）熔喷二氧化钛10　　（c）熔喷二氧化钛15　　（d）熔喷二氧化钛20

（e）纺黏　　　（f）纺黏二氧化钛10　　（g）纺黏二氧化钛15　　（h）纺黏二氧化钛20

图9.2　可降解甲苯和细菌的多功能过滤器

9.1.2.3　防雾功能防护口罩

佩戴口罩时引起的眼镜起雾问题一直困扰着戴眼镜的人群，而眼镜的佩戴率在我国高达33%，防雾口罩的开发是未来一大发展趋势。根据人体工效，进行系列化设计，通过材料的亲、疏水特性和结构效应有效阻挡呼出的热气传输到眼镜内侧，提升防护口罩的防雾功能与呼吸舒适性。东华大学与相关合作企业研发了防雾功能的杯状式KN95口罩，如图9.3所示，与鼻、脸颊、下巴贴合处增加了防雾热轧非织造材料，口罩内侧支架设计增大了死腔空间，利于提高呼吸舒适性，而耳带采用非固定可调节搭扣，可根据脸型调节耳带长度。

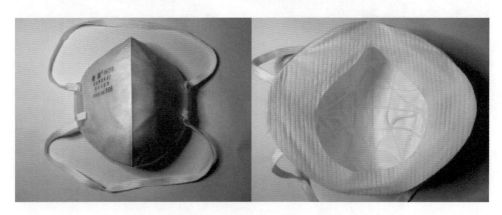

图9.3　防雾功能防护口罩外观图（左）与内面图（右）

9.1.2.4 防护口罩使用寿命的智能可视化

通常，长时间佩戴会导致口罩潮湿，破坏熔喷层的吸附静电，导致过滤效果下降。经专家分析解读，当身处医院等高危场所时应做到一戴一换，而在非高危的普通环境下，防护口罩不用天天换，正当保存情况下，一只口罩可使用 3~4 次。正常人的口腔内包含数十亿的细菌，一个喷嚏含有大量细菌和病毒，口鼻分泌物容易黏附在口罩内侧，因此不及时更换口罩会形成二次污染。然而，病毒小于 0.1 μm，细菌也只有几微米，远小于人类肉眼可见的大小。针对上述两种情况，快速判断口罩是否受到污染、是否应该更换口罩变得尤为重要若能监测口罩内侧污染环境，在细菌和病毒大量繁殖前提前实现预警，提醒人们及时更换，将有效减少病毒传播和二次污染，大幅减缓各种传染病甚至疫情的蔓延。因此，具有使用寿命可视化功能的口罩具有广泛的发展潜力。

东华大学基于生物基材料显色技术研发了一种污染度可视的口罩，如图 9.4 所示。基于聚丙烯（PP）纺黏生产工艺，医用外科口罩亲肤层所使用的非织造布表面有感应区。感应区采用新型生物基新材料，会吸附靶向污染源。当口罩内的病菌含量或微细颗粒物含量达到一定数量级时，新型生物基新材料会产生颜色变化，让污染程度可视化，从而表征口罩内侧的污染程度。通过口罩颜色的变化，实现准确预警口罩失效，提醒人们及时更换，预防细菌和病毒的滋生。

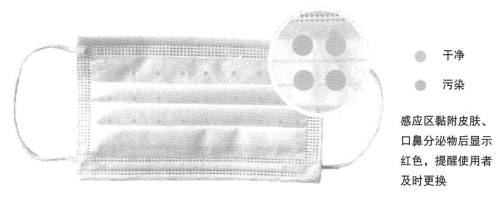

干净

污染

感应区黏附皮肤、
口鼻分泌物后显示
红色，提醒使用者
及时更换

图 9.4　使用寿命智能可视化的防护口罩

9.2 医用防护服装发展趋势

9.2.1 防护服装功能化

9.2.1.1 正压医用防护服

为了提高整个系统的密闭性确保使用人员安全，穿戴防护服时，力争做到人的皮肤与外界完全"零接触"。防护服的内环境几乎是密不透风的，使用人员的汗液排出、蒸发、冷凝在防护服面料上，将不可避免地给医护人员带来不适与工作上的不便。正压医用防护服靠自身携带风机、电池及过滤单元往防护服内输送提供无病毒的空气，不仅能大幅提高防护服的安全性，还能够提供穿戴者呼吸用的新鲜空气，将热量与水蒸气带走，降低起雾，显著提高穿着舒适性。为方便沟通，其内部也需考虑佩戴智能化装备如对讲机等，如图 9.5 所示。

图 9.5　正压防护服

（图片来源：https://www.usatoday.com、http://magusintl.com/ppe/ViewProduct Details）

9.2.1.2 热舒适性医用防护服

医用防护服主要由高致密的纺熔非织造材料或非织造材料覆膜复合而成，高致密防护材料在有效阻隔病菌危害的同时，却带来了严重的热应力问题。在热应力作用下人体释放的热量高达 700 W，是普通休息状态下的 7 倍，可导致人体疲劳、脱水甚至昏厥，极大地恶化了长时间穿着防护服的医护人员的作业环境。此次疫情中，医护人员日平均连续穿着防护服工作的时间长达 8 h 以上，缓解医用防护服舒适性问题引起了纺织行业以及相关科研人员的广泛关注。开发热舒适性可控的非织造材料，如相变控温非织造材料，用于长时期穿着的防护服材料，大大提升医护人员着装舒适性，具有良好的发展潜力。

9.2.2 防护服高质量低成本发展趋势

世界各国都在防护性服装材料领域不断改进和提高。而今，如何最大限度地提升保护功能，降低生产成本，适应市场需要求，让用户、供应商和制造商多方得利，已成为市场研究的焦点。

为提高产品质量，增加生产效率，降低生产成本，在现有检测标准与离线检测的基础上，开展在线检测技术方面的相关研究。使用在线空气流动测试仪，如图 9.6 所示，对生产的有过滤功能的成品 100% 进行在线测试，通过衡量成品对应的空气流量，确保洁净空气输出比率的精确。相比于传统的成品抽样检测，在线检测可实现对每个产品的快速检测，利于提升防护服产品的质量与智能化生产。

图 9.6　防护材料的在线检测

9.3　卫生防护材料发展趋势

化学消毒适应性广，越来越多地使用于患者表面的消毒，以预防微生物的传播和医院感染。在使用化学消毒法进行消毒时，常采用消毒剂和擦拭布。但擦拭布反复浸泡于消毒溶液中容易引起交叉感染。因此，使用一次性消毒湿巾、酒精棉片这种方式受到欢迎。以非织造材料为载体、浸渍不同功能的原液而成型的卫生产品迅速发展，且越来越多样化。

9.3.1 可冲散湿巾

湿巾的载体多为水刺非织造材料，其原料种类多样。可降解、可再生纤维等新型纤维原料也逐渐被应用于湿巾领域。当前使用的水刺湿纸巾掺入了大量不可降解化学纤维，若丢弃掩埋易造成环境污染；扔于抽水马桶又不易冲散，从而易引起城市管道堵塞和影响污水处理运行等系列环保问题。

目前有可冲散湿纸巾的相关研究，通过特定的工艺技术如气流成网 / 胶合、湿法成网 / 水刺技术，优化短切纤维与增强体选择与配比制备开发新型可冲散湿巾载体。在使用时有一定强度，可在抽水马桶下水道中快速分散，不会造成城市管道堵塞；同时，无需倾倒或焚烧，可在环境中，可实现自然降解，减少对环境的污染。

9.3.2 湿巾原液多样性

理想的消毒液体应具备杀菌谱广、杀菌能力强、作用速度快、稳定性好、毒性低、腐蚀性小、刺激性小、易溶于水、对人和动物安全及价廉易得、对环境污染程度低等特点。

不同的年龄有不同的注意事项。例如儿童未发育皮肤娇嫩，免疫力差，适用产品与成年人不同，其防腐剂、荧光剂等可能有刺激性原料应合理选择。不同的场合有不同需求，应选择不同成分、不同特点的消毒湿巾。例如，无醇的季铵盐盐类的消毒湿巾适应于对气味敏感的场合的消毒；含醇的季铵盐盐类的消毒湿巾适应于周转速度快、人流量大的场合；含氯型消毒湿巾适应于感染可能性大的场合以及有暴发感染事件时。

随着生活水平的提高和人们对精致生活的追求，未来擦拭巾的品类如厕用湿巾、厨房湿巾、清洁 / 消毒湿巾等功能性专用湿巾将进一步细分。

9.3.3 干湿分离型湿巾

湿巾可提供微生物繁殖的理想环境，包括合适的酸碱环境、温度、水及营养等，所以非常容易滋生细菌。因此，湿巾中常常添加防腐剂以达到抑制微生物生长的目的。一些防腐剂具有一定的细胞毒性，会令幼童及成人出现过敏反应，长期与婴幼儿口腔等内黏膜部分接触，可能会造成接触性皮炎。干湿分离型湿巾将有望解决了这一问题。原液与非织造材料分隔包装，在使用前将其进行混合，既可得到湿巾的作用效果，又避免了材料长时间浸润在液体中导致的细菌滋生。

参考文献

［1］ZHU X M, DAI Z J, XU K L, et al. Fabrication of multifunctional filters via online incorporating nano - TiO$_2$ into spun - bonded/melt - blown nonwovens for air eiltration and toluene degradation［J］. Macromol. Mater. Eng., 2019, 304（12）: 1900350.

［2］宣志强. 可冲散性湿巾及其非织造布的技术发展现状［J］.纺织导报,2014(12）: 68–71.

［3］张寅江，王荣武，靳向煜. 湿法水刺可分散材料的结构与性能及其发展趋势［J］.纺织学报，2018，39（6）: 167–174.

［4］孙静，邢婉娜，曹宝萍，等.中国一次性卫生用品行业 2018 年概况和展望［J］.造纸信息，2019（10）: 54–63.

［5］影墨.宝宝湿巾的选购与使用［J］.农村百事通，2019（21）: 54–55.

［6］袁海.专家解读湿巾的质量及检测［J］.中国纤检，2017（5）: 72–74.

［7］白彦坤，司存，王青，等.湿巾中防腐剂安全风险现状研究［J］.标准科学，2019（11）: 145–148.

结束语

从 SARS、MERS、埃博拉、诺如、H1N1 病毒到今天，人类与病毒的战斗从未停止。英雄没有从天而降，众多凡人挺身而出，成为"战士"——抗疫一线的医护人员、研究人员、生产人员、管理者，甚至是生活不便仍然遵守公共秩序、注意公共与个人卫生的每一个人。2003 年 SARS 病毒肆虐期间，柴静采访战斗在一线的医护人员："你们靠什么防护？"当时医生的回答是："我们靠精神防护。"而今 2019 年 COVID-19 新冠病毒肺炎疫情暴发，防护口罩、防护服装以及个人卫生防护材料在抗疫斗争中，在一定程度上对阻隔、抵挡病毒的侵入发挥了重要的作用。作为保护医护人员与民众的"铠甲"与"盾牌"，本土化的个人防护用品从无到有、从稀有到普及、从低效到高效，其发展与成果令人激动。

当然，关于病毒性传染病的个人防护用品，此次疫情期间也暴露出不少问题。首先，人们对于病毒性传染病的认知不够、个人防护意识不足、相关防护措施了解不全面，对个人防护用品的使用与鉴别的相关知识欠缺。其次，部分个人防护用品行业缺少相关的标准与管控措施，市场上防护用品鱼龙混杂、良莠不齐。更亟待解决的是，目前研发生产的个人防护用具还存在较多问题，如成本高、易起压痕勒痕、易起雾、热湿舒适性差、不易穿脱、长时间使用憋闷等。因此，人们对个人防护用品提出了更多要求，这也使个人防护用品的研发、生产、管控面临更大的挑战。从个人防护用非织造材料角度出发，未来有多方面的发展瓶颈问题仍有待研发人员携手突破。着眼于个人防护非织造材料的未来发展，坚信更加人性化、功能化、智能化的防护口罩、防护服装、防护卫生材料将成为我们共同抗疫的坚实之盾。在普及防疫非织造个人防护材料及产品相关知识的同时，也呼吁相关行业、相关部门进一步完善相关防护用品行业的标准出台，助推科研人员积极研发更适应需求的低成本高质量产品，助力"抗疫"之战。

个人防护非织造材料虽然广泛应用于病毒防护，但不仅仅适用于疫情时期。在此，也呼吁广大民众提高个人防护意识，养成良好的生活习惯。除了特殊疫情期间，在日常生活中也应树立防护意识，科学地选择相应的防护用品，有效防护花粉、流感、病毒等，保护自己与家人。

　　新型冠状病毒肺炎疫情之下，"众志成城"不再是口号，"人类命运共同体"不再是概念。我们亲身经历，切实感知；因其感动，为此振奋；懂得敬畏，仍心怀希望。面对疫情，我们风雨同舟，愿所有人平安。

附　录

（一）相关标准信息

1. 口罩相关标准

GB/T 32610—2016《日常防护型口罩技术规范》

GB 2626—2019《呼吸防护 自吸过滤式防颗粒物呼吸器》

GB 19083—2010《医用防护口罩技术要求》

YY 0469—2011《医用外科口罩》

YY/T 0969—2013《一次性使用医用口罩》

T/CNTAC 55—2020　T/CNITA 09104—2020《民用卫生口罩》

T/ZFB 0004—2020《儿童口罩》

GB/T38880—2020《儿童口罩技术规范》

2. 防护服相关标准

GB 19082—2009《医用一次性防护服技术要求》

YY/T 0506.1—2005《病人、医护人员和器械用手术单、手术衣和洁净服 第 1 部分：制造厂、处理厂和产品的通用要求》

YY/T 0506.2—2016《病人、医护人员和器械用手术单、手术衣和洁净服 第 2 部分：性能要求和试验方法》

YY/T 0506.3—2005《病人、医护人员和器械用手术单、手术衣和洁净服 第 3 部分：试验方法》

3. 湿巾相关标准

GB 15979—2002《一次性使用卫生用品卫生标准》

GB/T 27728—2011《湿巾》

WS 575—2017《卫生湿巾卫生要求》

4. 检测相关标准

GB/T 3923.1—2013《纺织品 织物拉伸性能 第 1 部分：断裂强力和断裂伸长

率的测定（条样法）》

GB/T 3917.3—2009《纺织品 织物撕破性能 第 3 部分：梯形试样撕破强力的测定》

GB/T 21196.3—2007《纺织品 马丁代尔法织物耐磨性的测定 第 3 部分：质量损失的测定》

GB/T 24218.3—2010《纺织品 非织造布试验方法 第 3 部分：断裂强力和断裂伸长率的测定（条样法）》

GB/T 6529—2008《纺织品 调湿和试验用标准大气》

GB 19082—2009《医用一次性防护服技术要求》

YY/T 1632—2018《医用防护服材料的阻水性 冲击穿透测试方法》

YY/T 0700—2008 /ISO 16603：2004《血液和体液防护装备 防护服材料抗血液和体液穿透性能测试 合成血试验方法》

YY/T 0689—2008 /ISO 16604：2004《血液和体液防护装备 防护服材料抗血液传播病原体穿透性能测试 Phi–X174 噬菌体试验方法》

GB/T 12704—2009《纺织品 织物透湿性试验方法》

WS 575—2017《卫生湿巾卫生要求》

GB 15979—2002《一次性使用卫生用品卫生标准》

YY/T 0699—2008/ISO 13994：1998《液态化学品防护装备 防护服材料抗加压液体穿透性能测试方法》

备注：国家标准是指由国家标准化主管机构批准发布，对全国经济、技术发展有重大意义，且在全国范围内统一的标准。对于上文中所提到的一些国内标准，可以借助一些国内检索平台，比如国家标准文献共享服务平台（www.cssn. net.cn）、国家科技图书文献中心标准文献检索系统（www.nstl.gov.cn）、国家标准全文公开系统（www.gb688.cn）等，这些系统里收录了大量各行各业的相关标准，通过输入标准号或标准名称，进入该标准界面，可以看到标准号、中英文标准名称、标准状态、中国标准分类号、国际标准分类号、发布日期、实施日期、主管部门、归口单位、发布单位等重要信息，点击"在线预览"，即可阅读标准全文。而对于一些采用了 ISO、IEC 等国际、国外组织的标准，由于涉及版权保护问题，一些国内平台暂不提供在线阅读服务，可以借助一些国外数据库，如 PERINORM（www.perinorm.com）、IEEE 标准数据库（http://www.standards.ieee.

org）、VDI 标准数据库（www.vdi.eu/engineering/vdi-standards/）等搜索全文，也可通过一些官方查询入口，如 ISO 官方查询入口：https://www.iso.org/search/x/、ANSI 官方查询入口：https://www.ansi.org/ 等网站进行搜索。

（二）视频目录

① 熔喷非织造材料生产展示

② 口罩生产流程展示

③ 防护口罩佩戴步骤演示操作

④ 医用防护服装穿戴步骤演示操作

⑤ TSI 8130 过滤性能测试演示操作

⑥ 非织造材料孔径测试演示操作

请读者扫描二维码观看相关视频。